ERP
資訊管理系統
餐飲實務應用

ERP學會認證教材

自序

作為長期投身於資訊產業中的 ERP 業者，對於資訊科技具有濃厚的興趣以及熱忱，為了將取之於社會的資源回饋於社會，2014 年的夏天從事與以往不同的安排，選擇到「中華企業資源規劃學會」舉辦的「2014 年 ERP 顧問師養成班」擔任講師，與一群大專碩士生共處了二個月，彼此互相切磋學習，共同討論 ERP 的學理與實務運用，除了拓寬同學們既有的 ERP 知識領域，提升學生能力及相關領域知識外，教學的過程中還發現高中職 ERP 軟體取得的困難，為了讓更多學生擁有平等學習的機會，決定為社會盡一份心力，改變傳統的教育模式，與同事商量過後，動手將企業級的 ERP 產品瘦身為一個小而美的迷你 ERP 系統，在選擇系統的行業別時，接受了「中華企業資源規劃學會」劉經理和許經理的建議，以餐飲後勤系統為主軸，於是「高明 ERP 資訊管理系統」就這樣孕育而生。而「高明 ERP 資訊管理系統」具有下列特性：

一、系統介紹

本系統以 Microsoft SQL Server 2014 Express 為資料庫， 讀者可順利安裝於 Window 7 家用進階版以上的個人電腦上，使用上並無時間、資料筆數、安裝次數等多種限制，唯一的限制是系統僅能安裝在電腦中單機使用，無法多人同時進入系統。在購買本書之後， 皆能免費安裝使用 (Microsoft SQL Server 2014 Express 為免費、多功能版本的 SQL Server)，體驗本產品系統功能。本書的作者希望讀者透過操作這套系統，能夠了解 ERP 系統使用上的功效，假以時日系統上手之後，能夠直接運用於日常工作上，達到「學以致用」之效果。

二、系統功能完整

本系統包含會計總帳模組、配銷模組，生管與製造模組，具備 ERP 系統之基本模組，除此之外此系統在 2014 年 10 月導入於某公開發行公司在英國設立的據點，一併加入了「應收帳齡、應付帳齡、庫存庫齡、庫存評價 LCM、RFM、ABC 分析」等管理會計相關報表。本系統雖是迷你版 ERP 系統，其功能卻非常完整，如麻雀雖小五臟俱全，能提供給讀者最完善的資源。

總帳模組：總帳模組具備之功能，除了基本的傳票輸入作業外，亦可自動處理立帳與沖帳之傳票，並建立常用之傳票型版，減少建立日常交易傳票所花費的時間，除此之外損益分析還包含年度逐月分析以及各期比較分析，讓使用者能掌握店內損益狀況。

配銷模組：除了銷貨收入、銷貨退回、進貨、進貨退回，四大單據之外，若收、付款方式選擇以「月結」結帳時，系統則會自動轉入收付款模組，而收付款模組在沖銷應收、應付帳款時，亦可以選擇預收、預付貨款支付，或以應收、應付票據沖銷，整個流程操作全程以自動化產生傳票，一條龍式的串連到總帳。

生產與製造模組：若在系統上建立「配方表」，並逐項輸入與生產成本相關的直接人工及製造費用，系統則會自動依銷售狀況，產生直接材料，並以銷售金額當做分攤基礎，計算出產品別的成本結構。

三、ERP 資訊管理系統

無論身處於何種產業，ERP 資訊管理系統將成為管理階層必備的決策工具，且將會大大影響企業的整體營運效率。由於各部門的作業流程不盡相同，部門間訊息傳遞也不見得完整，時常產生資訊不透明、溝通不良的情況，甚至各部門內部管理也可能出現問題。因此，為了有效改善這些狀況，企業經常會導入後勤管理系統以促進部門內以及部門間的訊息傳遞，且將有效的資訊加以整合，提出更符合企業整體效益的決策。本書以餐飲企業為例，並將 ERP 系統套用於餐飲業中以展示系統操作與功能，讓讀者透過實例更清楚了解 ERP 系統所扮演的角色。餐飲業使用的系統不應局限於 POS 系統，繁瑣的後勤作業才是餐飲業的致勝關鍵；餐飲業屬於另類製造業，工作時間長，食材用量大，需要材料用量管理 (BOM)，然而卻沒有時間維護配方的變更 (ECN)，若使用製造業的 ERP 系統導入餐飲業，成功機率可說是微乎其微，如果將餐飲後勤作業以進銷存系統導入， 又無法具體呈現真正的生產成本。因此本書作者在規畫此套系統時，特別簡化系統流程，讓有心想將餐飲業電腦化的讀者，也能夠靠一己之力完成所有系統操作。電腦化作業流程特色包括：

1. 銷售時，商品為「製成品」，系統會自動產生生產入庫單，減少登錄入庫單的動作。

2. 生產入庫時，系統自動依照「配方表」產生領料單，減少登錄領料單的動作。

3. 系統以「銷售金額」為製成品的分攤基礎，精準算出直接人工、直接材料、製造費用，讓經營者了解產品別的生產成本。

4. 無特定的會計關帳動作，只要「資產負債表」產生，形同會計關帳。

5. 無特定的庫存關帳動作，只要「進耗存別關帳」產生，形同庫存關帳。

6. 採購時，可勾選「即入即出」，免除領料單據的輸入。

以上調整，看在 ERP 顧問師眼中，可能會認為此系統不夠嚴謹，不過筆者堅持此系統目標只有一個──「讓忙碌的餐飲業，能合理計算出成本」，因為即使系統再好、再完備，如果無法導入至餐飲業也是空談。

一本書的誕生，從無到有，經歷了許多歷程，在這些歷程中，首先，必須感謝中華企業資源規劃學會許秘書長秉瑜，以及劉經理建毓、許經理銘家的支持，本書才有機會能夠問世。其次，感謝本書的共同作者：廖棋弘、葉伊庭、吳宜庭、余承恩等，半年來犧牲假日，日以繼夜的構思本書的架構與劇本。再者，感謝本系統的共同開發者：吳春明、湯國奇、蘇明君、林婷婷等，他們在繁重的 ERP 開發工作之餘，仍在最短的時間完成本系統。最後，感謝穀保家商楊潔芝老師與碁峰資訊，以及致理何素美與陳秀華老師，都是本書得以問世的貴人。

最後，希望透過本書的出版，讓更多學子有機會接觸 ERP 系統，本書在出版前已詳細檢閱校稿，若有疏忽遺漏之處，敬請先進不吝指教。

本書所使用的軟體，版本若有更新，將會發佈於「高明 ERP 資訊管理系統」臉書粉絲團，歡迎讀者前往下載或查看最新消息。

範例下載

本書範例程式請至碁峰網站http://books.gotop.com.tw/download/AER056700 下載，檔案為ZIP格式，讀者自行解壓縮即可運用。其內容僅供合法持有本書的讀者使用，未經授權不得抄襲、轉載或任意散佈。建議直接使用附錄A-1所提供的雲端版本。

二版序

在中華企業資源規劃學會，許銘家與林俞君二位熱心的專家推動之下，本系列軟體在一年之內已於二十多所大專院校，開了近五十餘班。用戶愈多，責任愈重，本系列軟體也會繼續朝嘉惠更多學子的方向努力。

本軟體功能齊全，總計六十項功能 (請參考章節 1-6)，適合提供給高中職與大專商管餐飲等相關科系當做實習教材之用，所附軟體是包含所有的功能，惟提供給高中職做為 ERP 基礎檢定之術科範圍時，則不包含下列二十三項功能。

【收款模組】
48M. 應收帳款分析
22A. 應收票據分析
48E. 預收貨款分析
48I. 客戶收款維護
44X. 客戶類別分析
48N. 應收帳齡分析

【付款模組】
58M. 應付帳款分析
23A. 應付票據分析
58E. 預付貨款分析
58I. 廠商付款維護
54X. 廠商類別分析
58N. 應付帳齡分析

【生產模組】
61A. 商品配方維護
61F. 材料用途分析
63C. 材料領用維護
83G. 每日生產維護
83I. 入庫成本分析
85T. 商品庫齡分析

【系統模組】
99A. 用戶密碼維護
99B. 用戶帳戶維護
99C. 用戶權限維護

ERP 的應用是不分行業別的。目前已獲會計系、國貿系、企管系、流通系與財金系等商管類科採用。每個模組亦能獨立操作當作 ERP 實習教材。

三版序

在中華企業資源規劃學會，林俞君積極收集讀者寶貴意見的協助之下，得知本書仍有可改善的空間。因此，邀請了畢業於輔仁大學餐旅管理學系以及企業管理學系，目前就讀交通大學經營管理研究所的莊高閔協助本次改版的內容新增及撰寫。

本次改版主要針對基本會計知識說明、每章節案例加強解釋，使用更詳細、清楚的描述方式，提供讀者一個更友善的學習環境。本次改版也有提供更詳盡的系統功能描述及說明，使讀者使用系統時，能配合本書的說明，在操作系統上更加有效率。此外，本次改版也在最後附錄 A-3 的部分新增了綜合情境練習，讓讀者在學習完整本書籍內容後，能透過綜合情境案例練習，檢視學習成果的同時，還能再將系統相關知識複習一遍，提升學習效果。

本系列軟體服務的高中職以及大專院校逐年增加，未來也將有越來越多相關課程。非常榮幸用戶數逐年增加，且收到讀者們的閱讀以及使用系統的回饋，未來本系列軟體也會繼續朝嘉惠更多學子的方向努力。

1. 1-2 會計小教室。
2. 各章節系統用字、功能描述說明。
3. 各章節案例用意說明。
4. 附錄 A-3 綜合情境練習。

目錄

Chapter 01 系統環境介紹與會計小教室

Chapter 02 個案公司概況說明

Chapter 03 採購作業流程

Chapter 04 銷售作業流程

Chapter 05 庫存管理流程

Chapter 06 總帳管理流程

Chapter 07 財務分析流程

Chapter 08 管理報表流程

附錄

CHAPTER

01

系統環境介紹與會計小教室

此系統含倆個版本：分別為個人單機版、教學雲端版，各索取來源如下所示

- 個人單機版：適合社會人士學習，安裝方法與軟體下載請參閱鏈接
- 教學雲端版：適合學校班級教學，老師帳號可個班級控管六十五個學生帳號，申請開通教學版專屬帳號及索取教師手冊，詳見如下教學資源說明。

教學雲端版 - 教學資源說明：

本軟體 ERP 功能全面，安裝與使用流暢，目前已在各高中職與大專院校端導入活躍，以助莘莘學子認識與學習 ERP。系統界面合共十二個模組：總帳模組、銷貨模組、採購模組、庫存模組、管理報表、財務模組、收帳模組、付款模組、生產模組、系統維護。此書主要面向 ERP 初階讀者，因此課本內容涵蓋基本模組：總帳模組、銷貨模組、採購模組、庫存模組、管理報表、財務模組。

教學雲端版搭配專屬之老師帳號與學生帳號（老師可透過系統控管學生帳號與操作）、專業教師手冊、教學投影片、系統教學操作影片、系統之三個進階模組（收帳模組、付款模組、生產模組）之教學資源。課程可搭配中華企業資源規劃學會之 ERP 專業認證，有助學子增加專業技能與職場競爭力，以上詳情請洽中華企業資源規劃學會 CERPS 中華企業資源規劃學會 Chinese Enterprise Resource Planning Society

電話：03-425-7203

郵箱：service@cerps.org.tw

官網：https://cerps.org.tw/zh-TW

1-1 系統簡介

▨ 進入「高明 ERP 資訊管理系統」主畫面

圖 1-1-1　系統主畫面

▨ 主畫面簡介

【主頁頁籤】：共有十大模組，每個模組皆含六項功能。

【主要功能】：系統主要功能包含維護、分析、關帳。

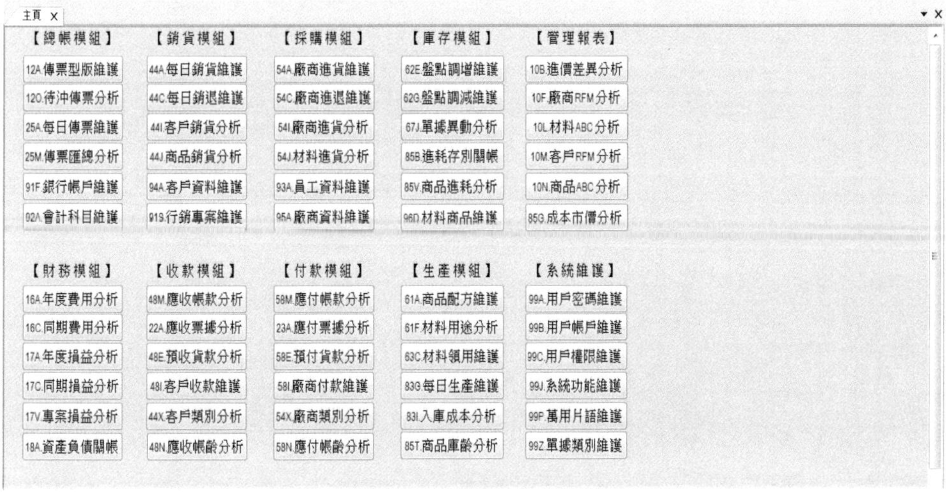

圖 1-1-2　主頁頁籤

關帳時機：本系統包含二項「關帳」功能，一是【85B. 進耗存別關帳】，二是【18A. 資產負債關帳】。一套系統，每日進進出出的單據很多，庫存餘額狀況隨時在改變，欲結算某月份的庫存餘額時，就必須執行

【85B. 進耗存別關帳】，而此關帳動作，會伴隨著銷貨成本傳票的異動， 因此結算一家公司的營業成績，必須先執行【 85B. 進耗存別關帳】，再執行【18A. 資產負債關帳】。

關帳觀念：本系統採取自由關帳模式，也就是說，2015/08/31 如果執行【18A. 資產負債關帳】，仍可修改 2015/04 的資料，惟一旦異動了 2015/04 的資料之後，則 2015/04 以後的每個月份，都需要依月份順序一一的執行【18A. 資產負債關帳】。

▨ 作業流程圖

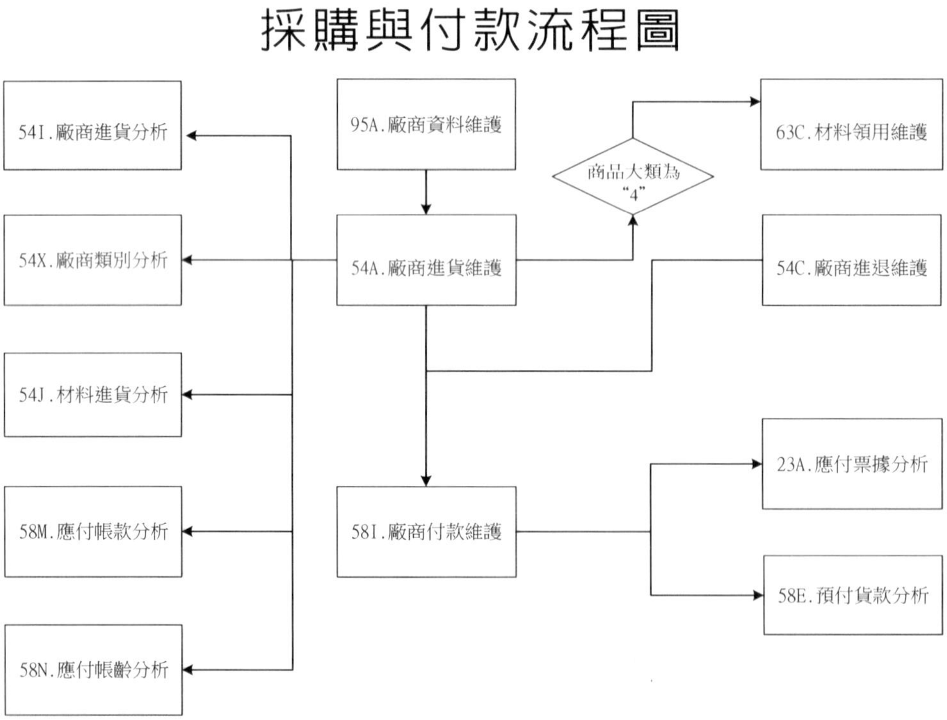

在比較複雜的製造業環境，商品大類可分為：1. 商品，2. 製成品，3. 半成品，4. 原料，5. 物料（不管制庫存），6. 物料（管制庫存），7. 雜項購置，8. 列管資產，9. 列帳資產等。(在製品本身是沒有料號的，其數量的推估是歸屬在所屬的製令單上完成品料號。)

在買賣業上，僅需關注「1. 商品」。(ERP 相關証照考試亦只涉及 1. 商品)。

【採購與付款】之功能說明

表 1-1　採購模組

功能選項	功能說明
54A. 廠商進貨維護	登錄材料進貨資料，其分析可以利用【54J. 材料進貨分析】。
54C. 廠商進退維護	登錄材料退貨資料，其分析可以利用【54J. 材料進貨分析】。
54I. 廠商進貨分析	瀏覽所有的應付帳款資料。即【54A. 廠商進貨維護】與【54C. 廠商進退維護】之中，屬於月結的。
54J. 材料進貨分析	瀏覽所有的應付帳款資料。即【54A. 廠商進貨維護】與【54C. 廠商進退維護】之中，對於所有的資料進行【交叉分析】或【篩選】。
93A. 員工資料維護	建立員工資料，亦可瀏覽傳票的子科目是員工者。
95A. 廠商資料維護	建立廠商資料，亦可瀏覽該廠商的進貨與退貨狀況。

銷貨與收款流程圖

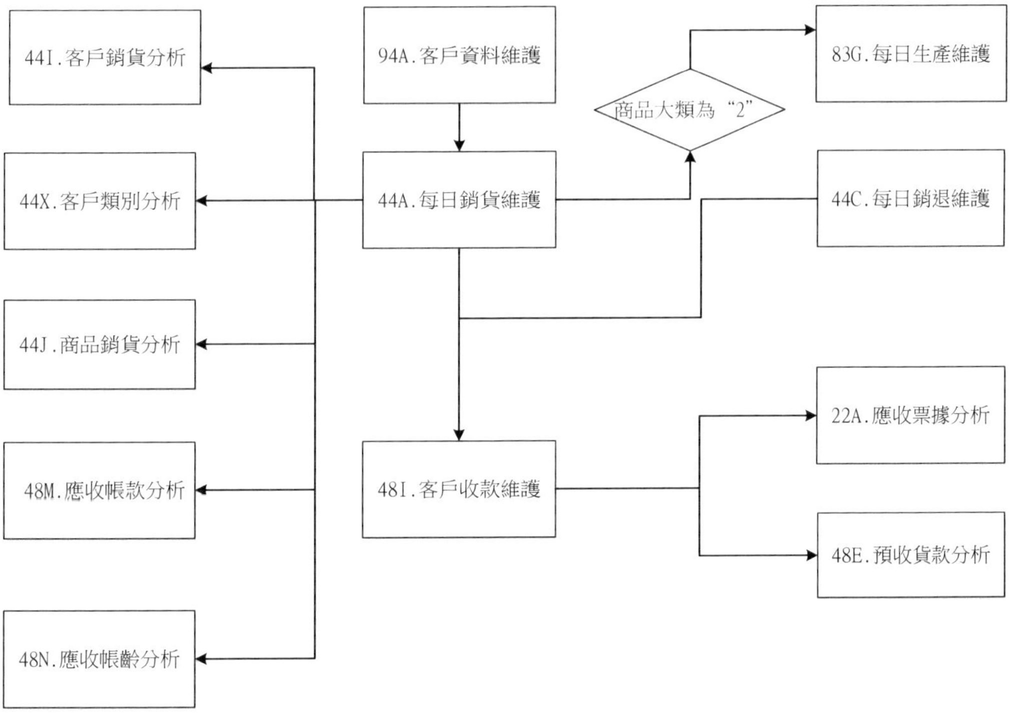

【銷貨與收款】之功能說明

表 1-2　銷貨模組

功能選項	功能說明
44A. 每日銷貨維護	登錄每日的營業收入，營收的分析可以利用【44J. 商品銷貨分析】。
44C. 每日銷退維護	登錄每日的銷貨退回，銷貨退回的分析可以利用【44J. 商品銷貨分析】。
44I. 客戶銷貨分析	瀏覽所有的應收帳款資料。即【44A. 每日銷貨維護】與【44C. 每日銷退維護】之中，屬於月結的。
44J. 商品銷貨分析	瀏覽所有的應收帳款資料。即【44A. 每日銷貨維護】之中，所有的資料分析篩選等。
94A. 客戶資料維護	建立客戶資料，亦可瀏覽該客戶的銷貨與退貨狀況。
91S. 行銷專案維護	建立行銷專案，亦可瀏覽該行銷專案的傳票狀況。

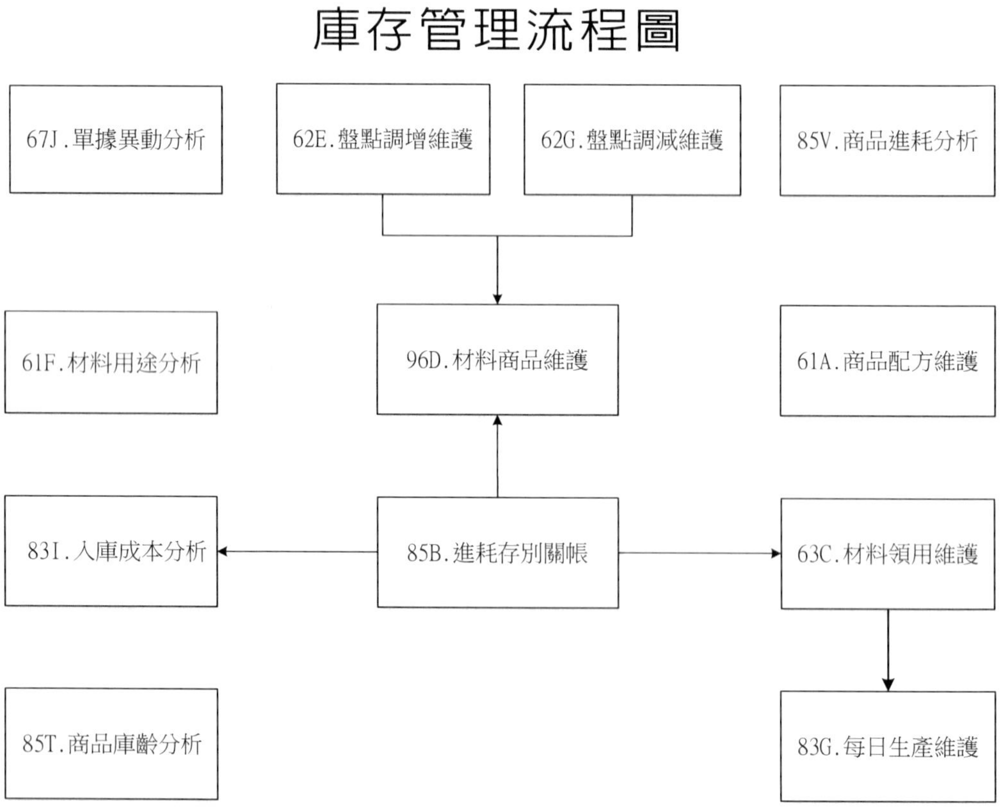

在買賣業上，沒生產活動，圖中【63C. 材料領用維護】、【83G. 每日生產維護】、【83I. 入庫成本分析】等都不會使用到。

【庫存與生產】之功能說明

表 1-3　庫存模組

功能選項	功能說明
62E. 盤點調增維護	建立材料商品的調增或盤盈狀況。
62G. 盤點調減維護	建立材料商品的調減或盤虧狀況。
67J. 單據異動分析	瀏覽與分析材料商品的八大單據：銷貨，銷退，進貨，進退，領料，入庫，調增，調減等的異動狀況。
85B. 進耗存別關帳	進行每月的進耗存結算，並利用加權平均計算出每個料號的單位成本，進而彙總出庫存金額。
85V. 商品進耗分析	將【85B. 進耗存別關帳】的結算資料，依商品類別彙總。
96D. 材料商品維護	建立材料商品資料，亦可瀏覽該料號所有的八大單據：銷貨，銷退，進貨，進退，領料，入庫，調增，調減等的異動狀況。

總帳與財務流程圖

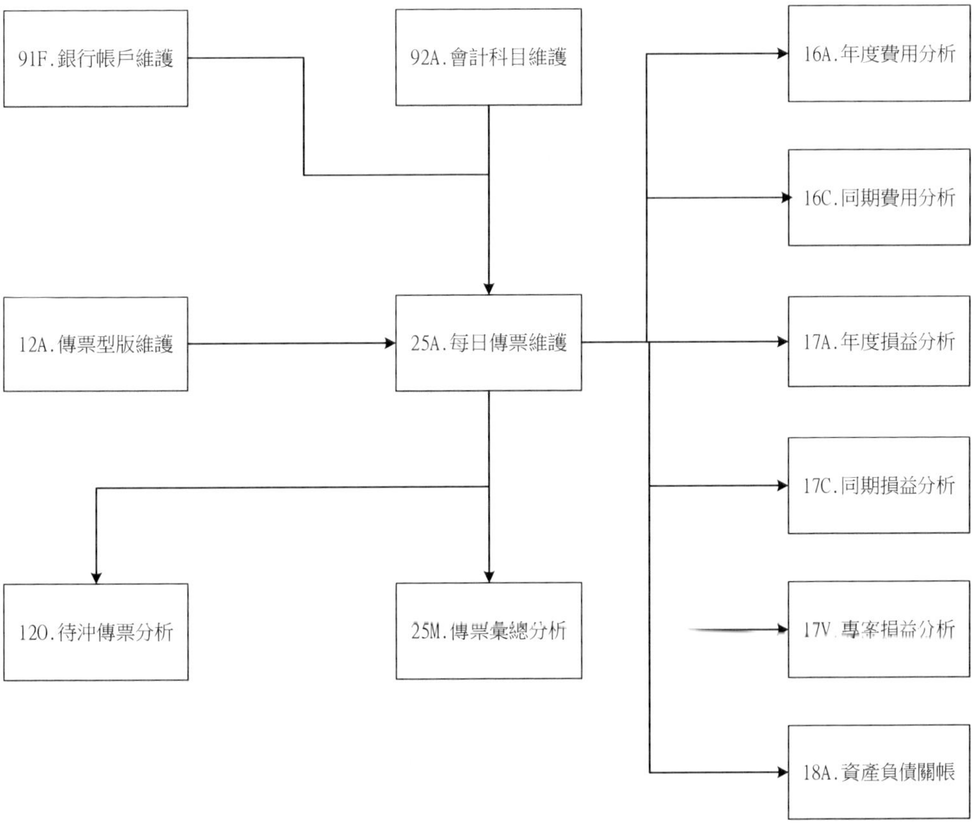

【總帳與財務】之功能說明

表 1-4　總帳模組

功能選項	功能說明
12A. 傳票型版維護	將常用的傳票預先建立好，可在【25A. 每日傳票登錄】拷貝。
12O. 待沖傳票維護	當傳票有使用到被設定成可以立沖的會計科目，就可以在此瀏覽。
25A. 每日傳票登錄	可登錄傳票，亦可由其他作業自動拋傳票進來。這是總帳模組最重要的功能，也是會計人員每天都會使用的功能。
25M. 傳票彙總分析	針對傳票明細的內容做各種條件的擷取，是會計人員最佳的分析利器。
91F. 銀行帳戶維護	可建立與公司往來的銀行帳戶，也是銀行科目的子科目。
92A. 會計科目維護	建立傳票會計科目，將常用的傳票預先建立好，可在「25A. 每日傳票登錄」拷貝。

表 1-5　財務模組

功能選項	功能說明
16A. 年度費用分析	可對全年的費用科目做交叉分析，橫軸是 01 月到 12 月。
16C. 同期費用分析	可對全年的費用科目做交叉分析，橫軸是本月，上月，去年本月的比較分析。
17A. 年度損益分析	可對全年的收入、成本、費用科目做交叉分析，橫軸是 01 月到 12 月。
17C. 同期損益分析	可對全年的收入、成本、費用科目做交叉分析，上月，去年本月的比較分析。
17V. 專案損益分析	可依傳票之中的專案代碼彙總成資產負債表、損益、應收、應付的科目餘額。
18A. 資產負債關帳	可列印資產負債表，列印的最大月份即視為關帳月份。

【系統模組】之功能說明

本系統定位為單機版，所以有關密碼修改、用戶帳戶和權限設定等企業版的功能都不會用到，而讀者在練習或正式使用時，則可運用系統功能將測試資料清除。八大單據（銷貨，銷退，進貨，進退，生產，領料，調增，調減）的單據類別亦可增刪，常用的下拉選單，則是在萬用片語上依片語一一的設定。

表 1-6　系統模組

功能選項	功能說明
99J. 系統功能維護	可用設定單一功能的資料清除。
99P. 萬用片語維護	提供如收款條件，付款條件等下拉選單內容。
99Z. 單據類別維護	提供如 SDA 銷售，SDB 招待的單據選單。內容。

【管理報表】之功能說明

本系統擁有基本的管理報表，透過進貨差異分析可以了解材料漲跌狀況，有效控管成本。而 ABC 分析則是在眾多商品與材料之中，如何抓住重點管理的利器。另 RFM 分析可以得知客戶的重要等級，對廠商的依賴程度。而庫齡與成本與市價分析都是在評價公司庫存的價值。

表 1-7　管理報表

功能選項	功能說明
10B. 進價差異分析	以指定月份比較同一商品或材料，最近二次的價格差異。
10F. 廠商 RFM 分析	分析廠商採購的三大行為，最近一次、頻率、金額等。
10M. 客戶 RFM 分析	分析客戶購買的三大行為，最近一次、頻率、金額等。
10N. 商品 ABC 分析	分析商品的重要性等級。

▨ 基本操作

▣ 功能按鈕：開啟特定單據會出現以下按鈕。

表 1-8　功能按鈕

功能圖示	說明
查詢	可以找到過往登打的單據。
新增	開啟的單據中加入一張空白的表單。
刪除	刪除當下顯示的表單。必須單據的檔身為空，才可刪除該單據。
放棄	在新增或修改的狀態下，把修改過的資料取消，恢復修改前的狀態。
存檔	檔案經新增或修改後確定正確要儲存時使用。
核准	存檔後的資訊要確認該張單據之真實性，按核准後才算認可通過。
取消	當單據被核准但事後發現錯誤需更改時必須先取消核准。
篩選	針對檔頭將該列選項可依循個人選擇做該欄顯示上的區別。
明細篩選	針對檔身將該列選項可依循個人選擇做該欄顯示上的區別。
首筆	跳至第一筆資料。
上筆	頁面跳致上一筆資料。
下筆	頁面跳致下一筆資料。
末筆	跳至最後一筆資料。
離開	關閉這個頁面。

特別說明：如果輸入了查詢條件，又按了「篩選」就如同第二道查詢，可以將搜尋的範圍，縮的更精確一些。但是下表的 Ctrl-T 交叉分析的範圍仍然是以第一道「查詢」的條件為範圍。

▣ 快速熱鍵：

功能圖示	說明
Ctrl-F9	將頁面的資料，轉出至 EXCEL。
Ctrl-T	將頁面的資料，進行交叉分析。
F6	複製游標所在欄位的上一筆的內容至本筆。
S-F6	複製本筆的游標所在欄位的內容至頁面下方的其他筆。

▣ 模組快捷建：選擇各模組，點擊「功能圖示」進入單據畫面。

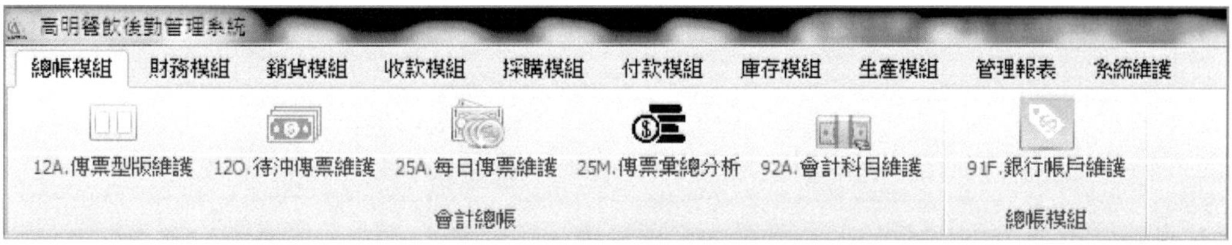

圖 1-1-3　十大模組快捷建

▣ 開啟多個分頁：

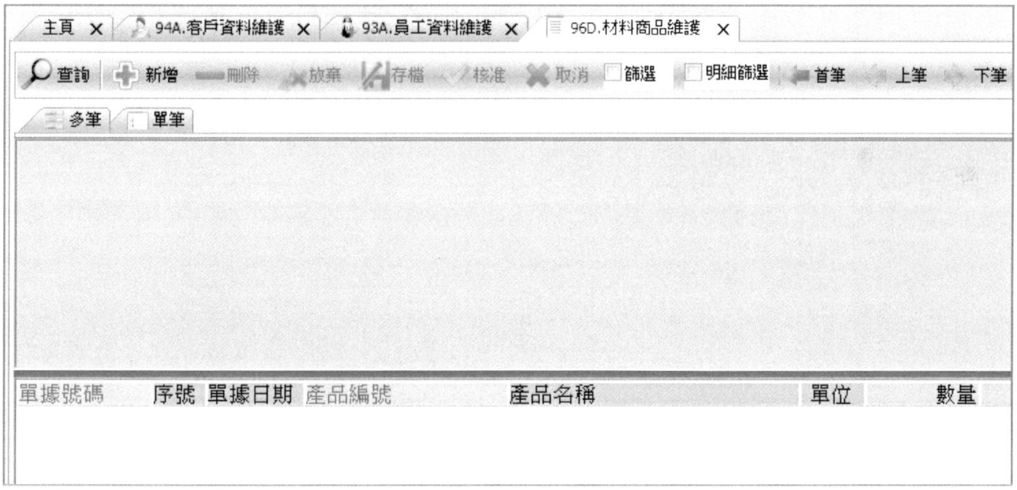

圖 1-1-4　分頁

所有功能頁面，皆設計為雙檔，上方為檔頭，下方為檔身。上方檔頭，還可再分為多筆與單筆二個頁籤，部份功能的檔身，是不允許輸入的，它是關聯到其他的作業。如【96D. 材料商品維護】。

- 多筆頁籤：在【檔頭】可以查看全部單據；在【檔身】可以查看單據明細。

圖 1-1-5　多筆頁籤

- 快速熱鍵：

熱鍵	說明
Ctrl-A	將檔身的所有資料全選。
Ctrl-Delete	刪除檔身資料。

- 單筆頁籤：在【檔頭】輸入單據基本資料；在【檔身】新增相關明細。

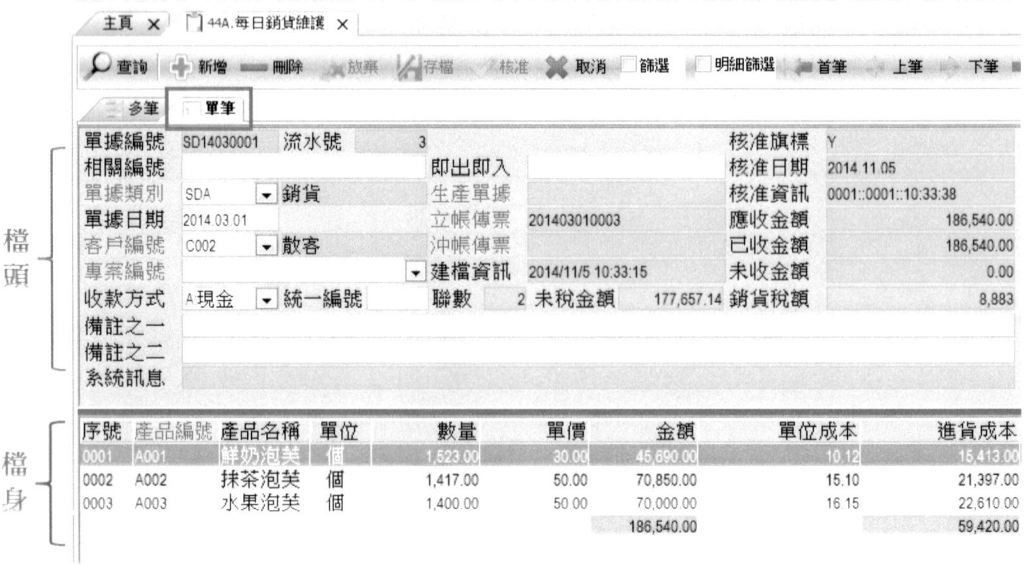

圖 1-1-6　單筆頁籤

- 紅線：可上下移動調整，控制檔頭、檔身顯示比例。
- 灰色方框：按住畫面左下角的「灰色方框」向右移動，會將檔身視的窗分隔為兩個可獨立檢視的視窗。

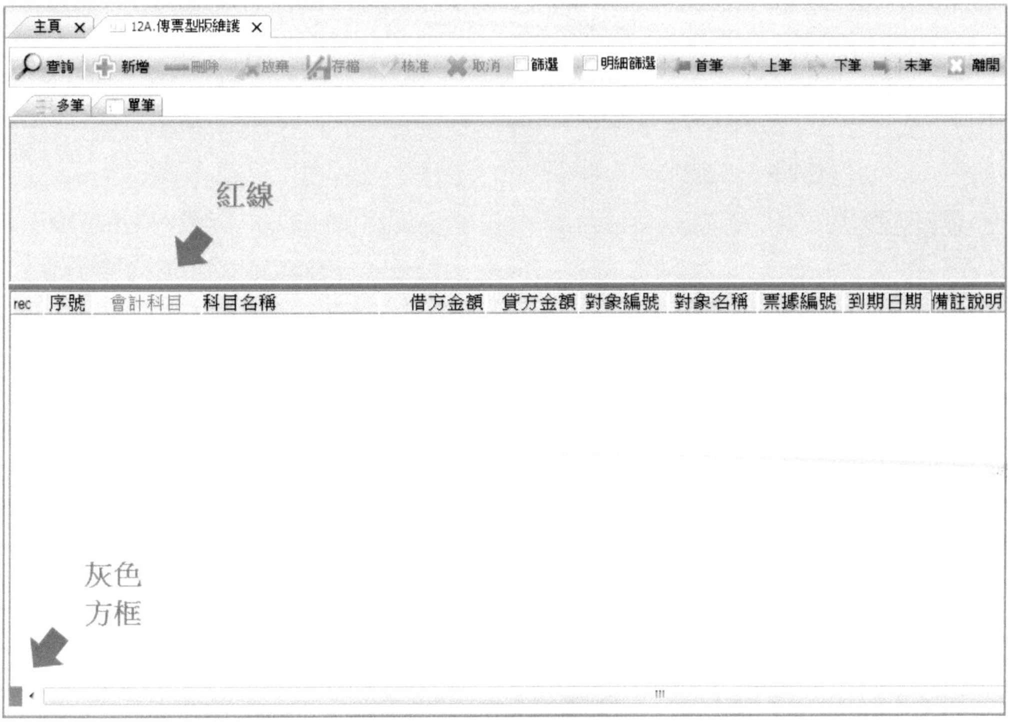

圖 1-1-7　其他功能

1-2 會計小教室

為什麼我們要學習會計呢？以本書導入 ERP 資訊系統的餐飲業為例，身為餐飲主廚可能會有這個疑惑，不是把自己的廚藝專精再專精就好了嗎？但是大家可以思考一下，如果未來想要自己創業，開一家屬於自己的餐廳，那麼營收的預估、成本的計算，又甚至是記帳的管理，這些都和會計息息相關，若沒有做好金錢流動的控管，想必未來開店時一定會遇到很大的危機，甚至還需要再花錢請一個財務人員來為你打理這些事情，若能掌握一些會計的基本原理、記帳的方式，對未來想要自己開店或是應徵餐廳的高階管理人都會是很大的幫助。

接下來為大家介紹一下會計的基本觀念，會計是個藉由紀錄、分析一家公司的經濟活動，來提出該公司經營成果的一門學問，拿餐飲業來舉例，簡單來說，就是紀錄一家餐廳的進貨、營收、費用等等，藉由分析這些收入以及花費，來說明餐廳整體的經濟狀況。

會計恆等式：

資產 (Asset) = 負債 (Liability) + 權益 (Equity)

在會計的計算中，資產永遠等於負債加上權益，這是會計中最重要也是最根本的原則。

會計基本要素：

資產：一家餐廳所擁有的一切資產，這些資產未來可以對餐廳產生經濟上的效益。餐飲業常見的資產有內場烹調設備、外場的桌椅、冷氣等等。

負債：一家餐廳所擁有的債務，在未來必須償還。餐飲業常見的負債有與進貨商賒購的食材、尚未結清的店面租金、上個月還未付清的員工薪水等等。

權益：又可以稱為業主權益，在餐飲業中業主可以視為老闆或是投資的股東，而權益就代表著老闆或是股東對餐廳所擁有的權益。

收益：一家餐廳營業所賺取的利益。如營業收入。

費損：一家餐廳營業所需花費的費用。如薪資、水電、利息費用等等。

會計借貸法則：

藉由會計恆等式我們可以清楚把資產和負債、權益區分開來，資產在左手邊，負債和權益則在右手邊，一個簡單的分辨方法就是恆等式左手邊為借方，恆等式右手邊為貸方。

資產 = 負債 + 權益

(借方) (貸方) (貸方)

因此，若資產增加，如購入新設備，借記資產類科目。若資產減少，如賣出舊設備，貸記資產類科目，表示資產減少。

若負債增加，如向進貨商賒購一批食材，貸記負債類科目。若負債減少，如還清賒購食材費用，借記負債類科目。

若權益增加，如營業收入增加，貸記權益類科目。若權益減少，如付員工薪水，借記權益類科目。

若費損增加，如薪資費用增加，代表著老闆、股東們的權益減少，也就是有費用支出，所以薪資費用增加借記費損類科目。

若收益增加，如營業收入增加，代表著老闆、股東們的權益增加，也就是有利潤收入，所以營業收入增加貸記收益類科目。

所以我們可以整理出以下圖示，稱作 T 字帳：

+ 資產 –	
借方	貸方

– 負債 +	
借方	貸方

– 權益 +	
借方	貸方

+ 費損 –	
借方	貸方

– 收益 +	
借方	貸方

T 字帳 (T Account)：代表每一個分類帳戶，用來記錄一個會計科目的變動。假如我們要查看薪資費用的狀況，我們可以建立一個分類帳戶「薪資費用」來做分析，若 2019/02/11、2019/02/18、2019/03/19 分別有 12000 元、35000 元、22000 元的薪資費用支出，結算到 2019/03/19 的薪資費用我們可以表示如下：

+ 薪資費用 –

2019/02/11 12,000	
2019/02/18 35,000	
2019/03/19 22,000	
2019/03/19 69,000	

會計循環：

Step01 分錄：

當每次交易發生時，記帳人員根據原始的票據憑證來記帳，將會計科目區分為借方或貸方，再把相對應的金額記入日記簿，此動作稱為「分錄」。

分錄的寫法：

時間	**借方科目**	**金額**	
	貸方科目		**金額**

例如：一家餐廳 2019/02/20 和進貨商進了 50 個泡芙共 1500 元，現金支付。泡芙屬於存貨，存貨屬於資產項的科目，因此存貨增加要借記泡芙 50 個 1500 元。現金為資產項科目，所以現金減少要貸記現金 1500 元。

時間	**泡芙存貨**	**1500**	
2019/02/20	**現金**		**1500**

Step02 過帳：

為了將日記簿的科目分類且集中，我們會建立一個分類帳來記錄該科目的變動情形，成立分類帳的動作我們稱為「立帳」。而把日記簿的分錄記入分類帳中，此動作稱為「過帳」。如上例我們可以將日記簿分錄做過帳動作：

+ 泡芙存貨 –			+ 現金 –	
2019/02/20 1,500				2019/02/20 1,500

Step03 試算：

試算借方餘額是否等於貸方餘額的動作，稱為「試算」。換句話說，就是驗證分錄與過帳是否有誤，同時也驗證是否符合會計恆等式。

Step04 調整：

有些帳目會隨著時間的增加而產生變化，為了讓帳上的金額能反映出實際的情況，就必須調整帳上的金額以符合當時的情況，此動作稱為「調整」。例如：廚房裡的烤箱 5 年前以 10 萬元購入，但如今已經沒有 10 萬元的價值了，我們就必須將烤箱的帳上金額調整成它現在的市價。

Step05 結帳：

一個會計期間的結束通常為每年的年底，到了年底我們需要結算今年的收益與費損，並且結轉今年的資產、負債、權益至下個會計年度，此動作稱為「結帳」。損益類科目屬於虛帳戶，不能結轉至下個會計年度。資產、負債、權益為實帳戶，該帳戶的餘額需結轉至下個會計年度。

「實虛」是實帳戶與虛帳戶的簡稱。實帳戶代表該帳戶的餘額要繼續累計到下一個會計年度，例如：資產、應付帳款、應收帳款等等。虛帳戶代表該帳戶的餘額不能累計到下一個會計年度，例如：利息收入、折舊費用、營業收入等等。

Step06 編表：

當一個會計期間結束時，根據期間內的所有交易，編成報表來呈現今年的表現，稱為「編表」。主要有四大報表，編制的順序為：資產負債表、損益表、現金流量表、權益變動表。

當第六步驟結束時，代表一個會計期間的結束，也代表另一個會計期間的開始，因此稱為「會計循環」，此一循環為一個會計年度的基本流程。

CHAPTER

02

個案公司概況說明

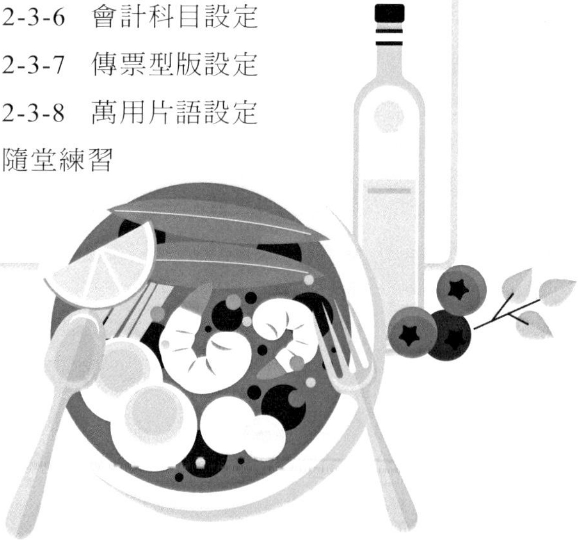

2-1 創業故事

鳳凰花開，又到了畢業的季節，在離別感傷之時，卻也面臨就業的難題，而畢業生 Chris，有別於一般的畢業生，對於自己的未來早有明確的方向，決定開一間屬於自己的店，一間大朋友小朋友都喜愛的泡芙專賣店，其實想開泡芙店的理由很簡單，為了自己喜歡的女孩，Chris 很喜歡班上的女孩 Angela，Angela 是個溫柔婉約，善解人意的女孩，她最喜歡的甜點就是泡芙，Chris 知道這件事情後，就決定要讓 Angela 品嚐到國內外各式各樣好吃的泡芙。基於這單純的想法，Chris 開始籌劃開店的事宜，用盡了戶頭裡的存款，開了第一間屬於自己的泡芙店「PAPA PUFFS」。

表 2-1　基本資料

店名	「PAPA PUFFS 泡芙專賣店」
創立日期	2014 1 月 1 日
公司據點	台北
資本額	新台幣 100 萬元整
員工人	3 人
核心價值	提供消費者最健康、最天然的泡芙，並讓每位享受過 PAPA PUFFS 的消費者有幸福的感覺。
服務產業	餐飲業

2-2 年度營運情況

「PAPA PUFFS 泡芙專賣店」在創業初期僅用紙本和 Excel 記錄銷售及進貨狀況，隨著產品口碑的累積，越來越多人注意到「PAPA PUFFS 泡芙專賣店」，使得的店內的來客量如潮水般湧入，生意相當興隆，產品訂單也逐漸增加，但 Excel 無法即時整合店內的庫存狀況，在存貨管控上變得更加困難，無法確實掌握銷售及庫存資訊。

正煩惱如何管控庫存時，發現有一款「高明 ERP 資訊管理系統」能改善店家原本的經營狀況，利用 ERP 系統協助業者準確掌握進貨、銷貨情況、庫存數量，以降低進貨及存貨成本，並透過財務報表，了解實際的財務狀況，將行銷策略加以制定與改善，對「PAPA PUFFS 泡芙專賣店」的營運來說是一大幫助，經過一番考量後決定導入 ERP 資訊管理系統。

「PAPA PUFFS 泡芙專賣店」從 2014 年 1 月開始營業，所有數據皆採用紙本和 Excel 記錄，2014 年底開始導入 ERP 資訊管理系統， 依照 ERP 導入顧問師的指示後，我們將廠商、商品、員工、客戶、銀行、會計科目、傳票型版等基本資料建立後， 正式上線後使用「高明 ERP 資訊管理系統」登入日常的交易紀錄，並善用系統做資訊的整合。

表 2-2　導入基本資料

模組名稱	功能選項	導入資料
庫存模組	96D.材料商品維護	商品明細類別資料
採購模組	95A.廠商資料維護	關係合作廠商資料
	93A.員工資料維護	員工基本資料
銷貨模組	94A.客戶資料維護	客戶基本資料
總帳模組	91F.銀行帳戶維護	銀行帳戶資料
	92A.會計科目維護	常用會計科目
	12A.傳票型版維護	建立常用傳票型版

2-3 系統期初設定

系統安裝完成後，Chris 將「PAPA PUFFS 泡芙專賣店」原有的紙本交易記錄以及 Excel 資料匯入至系統中。本章節將教導讀者如何建立基本資料，並善用系統功能，如：「廠商資料維護」、「商品資料設定」、「員工資料設定」、「客戶資料設定」、「銀行資料設定」、「會計科目設定」、「傳票型版設定」、「萬用片語設定」。

2-3-1 廠商資料維護

在「PAPA PUFFS 泡芙專賣店」匯入合作廠商的資料後，可以透過【95A. 廠商資料維護】來管理所有廠商的資料，無論是廠商的分類、聯絡方式、地址等等，還是新增或減少合作廠商，都可以透過此功能來管理，也可以查看跟廠商從以前到現在的交易紀錄。只要是與廠商有關的資料，都可以在此功能中查詢到。

案例 1

「PAPA PUFFS 泡芙專賣店」自創立初期便與「日式甜點烘焙坊」合作，為長期合作夥伴，為了查閱與「日式甜點烘焙坊」的往來頻率，因此透過「95A. 廠商資料維護」了解平日的交易狀況。

- 功能位置：【採購模組】→【95A. 廠商資料維護】。
- 功能說明：選擇【95A. 廠商資料維護】，查詢廠商交易資料。
- 操作練習：查詢「日式甜點烘焙坊」的基本資料。

Step01 在【採購模組】中的【95A. 廠商資料維護】，點擊「查詢」。

圖 2-3-1　95A. 廠商資料維護 - 查詢

Step02 在「廠商名稱」輸入「日式甜點」，按下「開始擷取並傳回」。

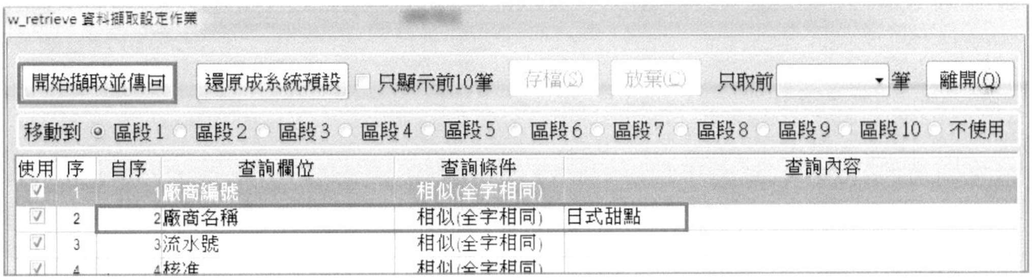

圖 2-3-2　95A. 廠商資料維護 - 查詢條件

Step03 在【95A. 廠商資料維護】的【檔頭】中，呈現廠商的基本資料。

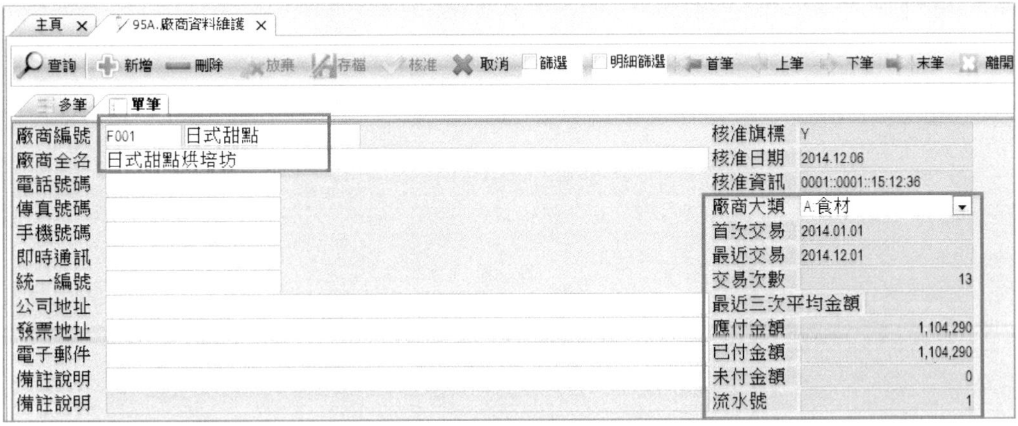

圖 2-3-3　95A. 廠商資料維護 - 基本資料

Step04 在【95A. 廠商資料維護】的【檔身】中，可以看見目前的所有的交易紀錄。

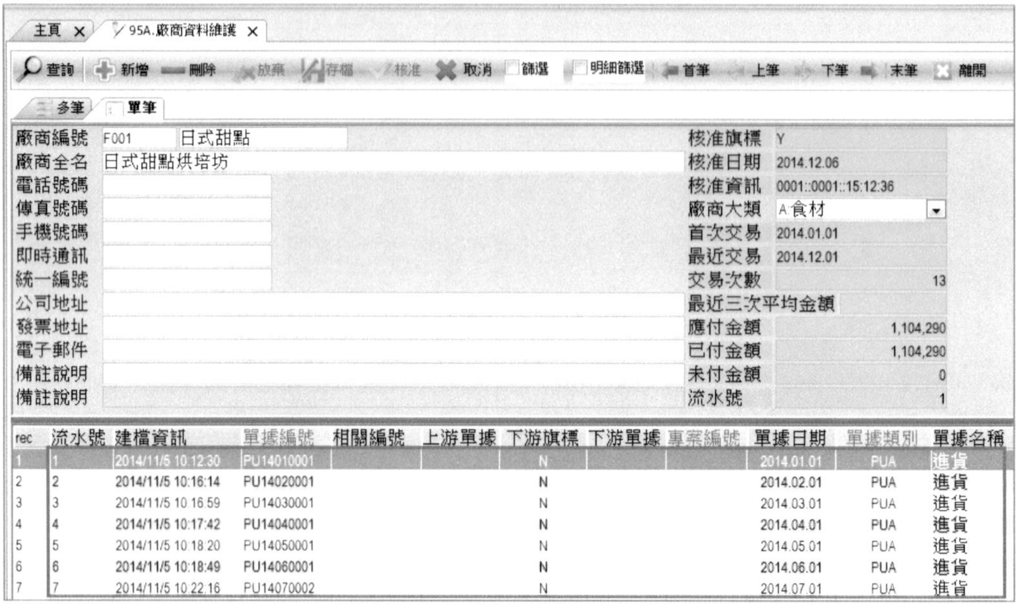

圖 2-3-4　95A. 廠商資料維護 - 交易明細

案例 2

「PAPA PUFFS 泡芙專賣店」與許多甜點烘培坊、食品材料行、日用品批發商簽訂長期合作約定，近日為了販售新口味的泡芙，與廠商「淺草甜點烘焙坊」簽立長期合作約定，並給予其廠商編號「F100」。

- 功能位置：【採購模組】→【95A. 廠商資料維護】。
- 功能說明：選擇【95A. 廠商資料維護】，建立廠商基本資料。
- 操作練習：新增一筆「淺草甜點烘焙坊」的廠商資料。

Step01 在【採購模組】中的【95A. 廠商資料維護】，新增一筆資料。

圖 2-3-5　95A. 廠商資料維護 - 新增

Step02 在「廠商編號」輸入「F100」、「淺草甜點」。

在「廠商全名」輸入「淺草甜點烘培坊」。

在「廠商大類」下拉選單中，選擇「A：食材」。

圖 2-3-6　95A. 廠商資料維護 - 檔頭設定

Step03 先「存檔」，再「核准」，完成廠商資料新增。

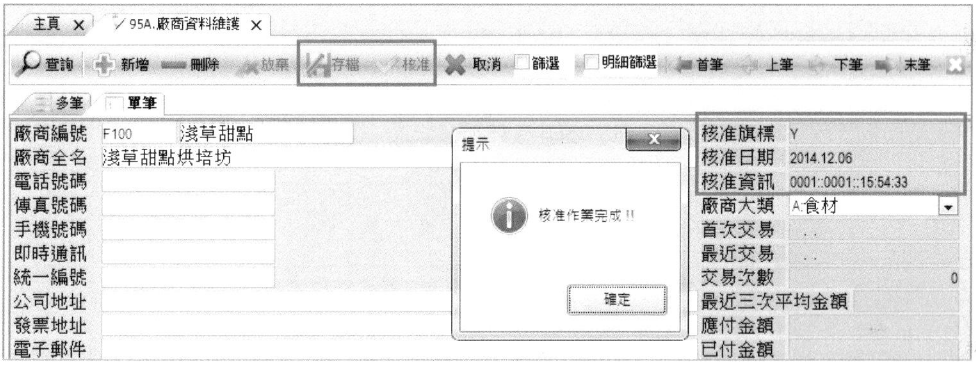

圖 2-3-7　95A. 廠商資料維護 - 核准

2-3-2 商品資料設定

在【96D. 材料商品維護】功能裡，我們可以管理所有商品的資料，不僅可以查詢所有已匯入的商品資訊，也能夠新增或減少商品項目。在匯入商品資訊時，透過設定商品分類以及相關資訊，可以讓商品管理更加詳細且有條不紊，降低管理上的成本。

案例 3

近日為了提高產品銷售量，增加消費者對「PAPA PUFFS 泡芙專賣店」的關注，因此決定向合作供廠商引進熱門的巧克力泡芙在店內販售，在進貨以前，PAPA PUFFS 泡芙專賣店必須再次確認商品的資訊。因為之前已經進過巧克力泡芙，所以 PAPA PUFFS 泡芙專賣店已經匯入過巧克力泡芙的資訊，所以只需要透過【96D. 材料商品維護】功能就能查詢的到巧克力泡芙的相關資訊。

- 功能位置：【庫存模組】→【96D. 材料商品維護】
- 功能說明：選擇【96D. 材料商品維護】，查詢商品基本資料。
- 操作練習：查詢「巧克力泡芙」的商品基本資料。

Step01 在【庫存模組】中的【96D. 材料商品維護】，點擊「查詢」。

圖 2-3-8　96D. 材料商品維護 - 查詢資料

Step02 在「料件名稱」輸入「巧克力泡芙」，按下「開始擷取並傳回」。

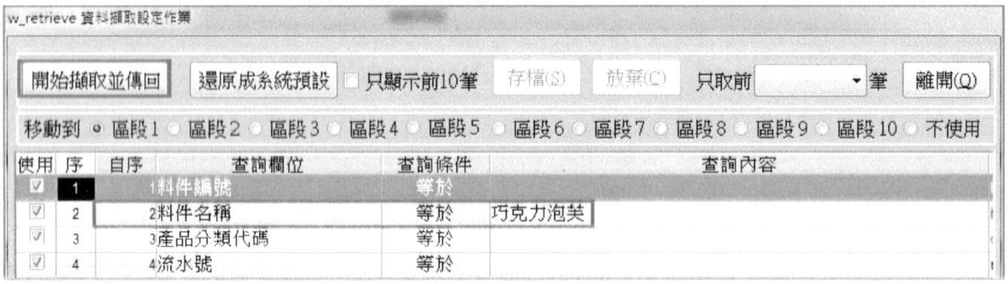
w_retrieve 資料擷取設定作業
開始擷取並傳回
還原成系統預設
只顯示前10筆
存檔(S)
放棄(C)
只取前
筆
離開(Q)
移動到
區段1
區段2
區段3
區段4
區段5
區段6
區段7
區段8
區段9
區段10
不使用
使用
序
自序
查詢欄位
查詢條件
查詢內容
1 料件編號 等於
2 料件名稱 等於 巧克力泡芙
3 產品分類代碼 等於
4 流水號 等於

圖 2-3-9　96D. 材料商品維護 - 查詢條件

Step03 在【96D. 材料商品維護】畫面顯示「巧克力泡芙」的基本資料。

圖 2-3-10　96D. 材料商品維護 - 基本資料

案例 4

近日紅豆水正夯，紅豆不但能夠補氣血，且還能消水腫，堪稱女性美顏聖品，而「PAPA PUFFS 泡芙專賣店」看準紅豆的商機，也不忘向供應商引進新商品「紅豆泡芙」在店內販售，讓消費者品嘗到最健康，最天然的紅豆泡芙，並給予「紅豆泡芙」料件編號「A101」。

- 功能位置：【庫存模組】→【96D. 材料商品維護】
- 功能說明：選擇【96D. 材料商品維護】，新增商品基本資料。
- 操作練習：新增一筆「紅豆泡芙」的商品資料。

Step01 在【庫存模組】中的【96D. 材料商品維護】，新增一筆資料。

圖 2-3-11　96D. 材料商品維護 - 新增資料

Step02 在「料件編號」輸入「A101」。在「料件名稱」輸入「紅豆泡芙」。在「商品大類」的下拉選單中，選擇「1：商品」。在「商品中類」的下拉選單中，選擇「A：甜點」。在「單位」的下拉選單中，選擇「個」。「庫存管制」欄位不必輸入，會自動帶入「Y」。

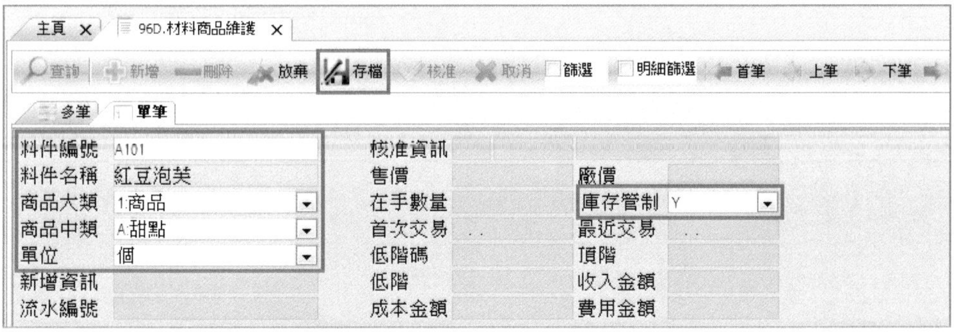

圖 2-3-12　96D. 材料商品維護 - 新增資料

Step03 先「存檔」，再「核准」，完成商品資料新增。

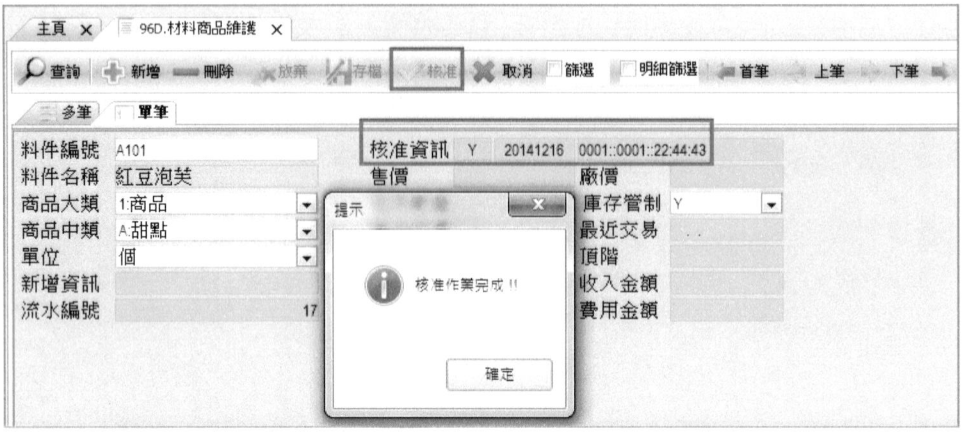

圖 2-3-13　96D. 材料商品維護 - 核准

2-3-3 員工資料設定

在一家公司創業的初期，想必公司裡的人手不會太多，簡單的紙本或是 Excel 表單就能應付的過來，但當事業逐漸發展，人員會越來越多，管理員工便成了企業的一大難題，但我們能夠透過【93A. 員工資料維護】功能來解決這項問題。在此功能中，我們可以管理所有人員的基本資料，當有新增人員或是辭職的同仁，也能夠做新增和刪除的動作。查詢員工資料也變得方便許多。

案例 5

「PAPA PUFFS 泡芙專賣店」在創業初期，店內的大小事務僅由三位正職員工輪班處理，透過口碑行銷以及粉絲專頁的經營，讓更多消費者認識 PAPA PUFFS，PAPA PUFFS 的客源也因此不斷增加，為了因應龐大的消費人潮，並以最低成本解決人員不足的問題，故 Chris 聘請一位和 Angela 同名的工讀生，協助正職員工點餐、整理店內環境，並給予其員工編號「W100」。Angela 基本資料如下：「手機號碼：0912-345-678」、「所在地址：台北」、「電子郵件：Angela@mail.com」、「出生日期：1992.12.25」。

- 功能位置：【採購模組】→【93A. 員工資料維護】。

- 功能說明：選擇【93A. 員工資料維護】，新增員工基本資料。
- 操作練習：新增一筆「工讀生」的員工資料。

Step01 在【採購模組】中的【93A. 員工資料維護】，新增一筆資料。

圖 2-3-14　93A. 員工資料維護 - 新增

Step02 在下列必填欄位中登入基本資料：

在「員工編號」填入「W100」、「Angela」。

在「員工性別」的下拉選單中，選擇「女」。

在「手機號碼」填入「0912-345-678」。

在「身分證碼」填入「A965874123」。

在「居住地址」、「所在地址」填入「台北」。

在「電子郵件」填入「Angela@mail.com」。

在「職務類別」的下拉選單中，選擇「工讀生」。

在「出生日期」填入「1992.12.25」。

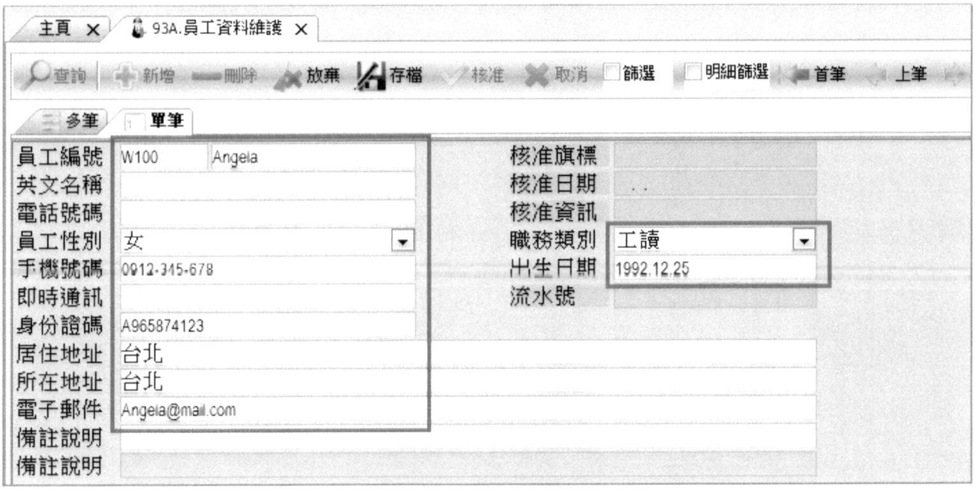

圖 2-3-15　93A. 員工資料維護 - 登入基本資料

Step03 先「存檔」，再「核准」，完成員工資料新增。

圖 2-3-16　93A. 員工資料維護 - 核准

2-3-4 客戶資料設定

無論任何的產業、企業，要能生存下來一定需要穩定的客源，才能有穩定的收入。由此可知，紀錄客戶的相關資料是多麼的重要，若能掌握到客戶的需求以及其偏好，不僅能為客人解決問題，也能夠帶給客人良好的印象，甚至能因此與客人維持長期合作的關係。在【94A. 客戶資料維護】功能中，可以幫助我們管理所有客戶的資料，也能透過查詢功能找到特定客戶的相關資料，對於一間企業是非常有幫助的。

案例 6

「PAPA PUFFS 泡芙專賣店」位於公館商圈內，所處位置地理環境優異，消費人潮眾多，因此將消費族群主要分為公司行號、散戶、學生等三大類別，並新增「C100」「第一科技有限公司」為會員。

- 功能位置：【銷貨模組】→【94A. 客戶資料維護】。
- 功能說明：選擇【94A. 客戶資料維護】，新增客戶資料。
- 操作練習：新增一筆「第一科技有限公司」的客戶資料。

Step01 在【銷貨模組】中的【94A. 客戶資料維護】，新增一筆資料。

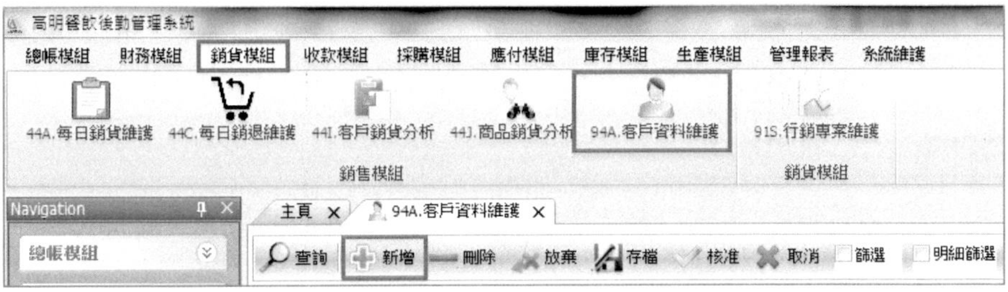

圖 2-3-17　94A. 客戶資料維護 - 新增

Step02 在下列必填欄位中登入基本資料：

在「客戶編號」填入「C100」、「第一科技」。

在「客戶全名」填入「第一科技有限公司」。

在「客戶大類」的下拉選單中，選擇「會員」。

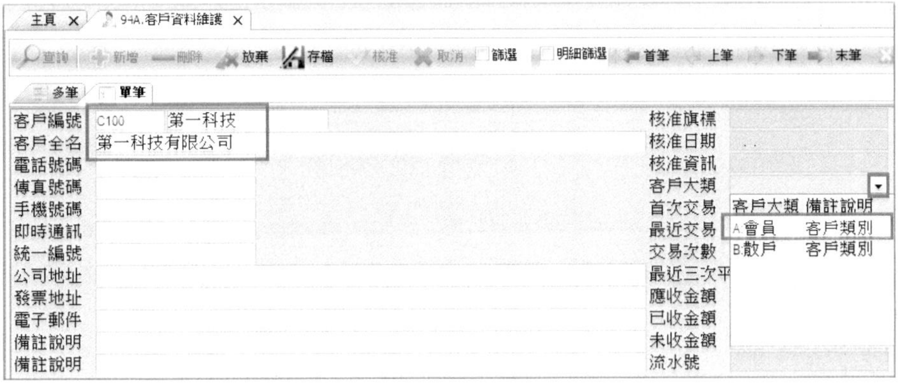

圖 2-3-18　94A. 客戶資料維護 - 必填欄位

Step03 先「存檔」，再「核准」，完成客戶資料新增。

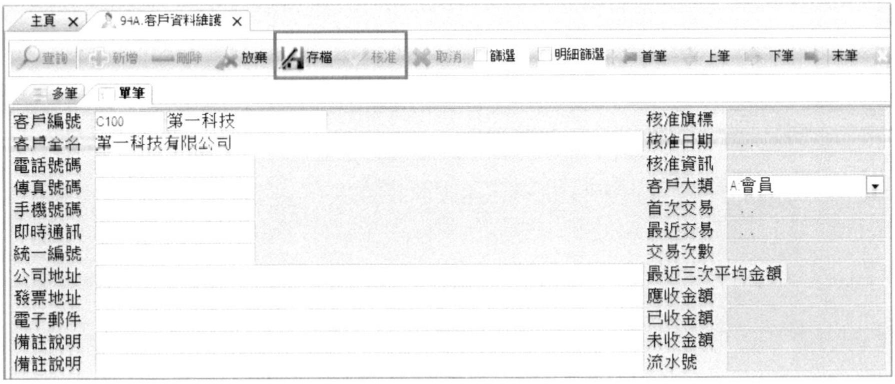

圖 2-3-19　94A. 客戶資料維護 - 核准

2-3-5 銀行資料設定

一家公司在管理營收以及支出時，肯定會需要一個帳戶來作為交易的媒介。依照每間公司不同的需求，可能會有多個帳戶需要管理，這時就可以透過【91F. 銀行帳戶維護】功能來做管理。當有相關費用或收入產生時，有些公司會因不同的考量而使用不同的帳戶來做交易，每筆交易對應使用哪一個帳戶可能會因交易筆數過多而難以整理。透過【91F. 銀行帳戶維護】功能便能清楚管理每一個帳戶的交易，讓財務管控變得更有條理。

案例 7

利用系統建立常用銀行帳戶「008」「華南銀行」，將紙本資料中的銀行往來資料登入。

- 功能位置：【總帳模組】→【91F. 銀行帳戶維護】。
- 功能說明：選擇【91F. 銀行帳戶維護】，新增往來銀行基本資料。
- 操作練習：建立一筆「華南銀行」的資料。

Step01 在【總帳模組】中的【91F. 銀行帳戶維護】，新增一筆資料。

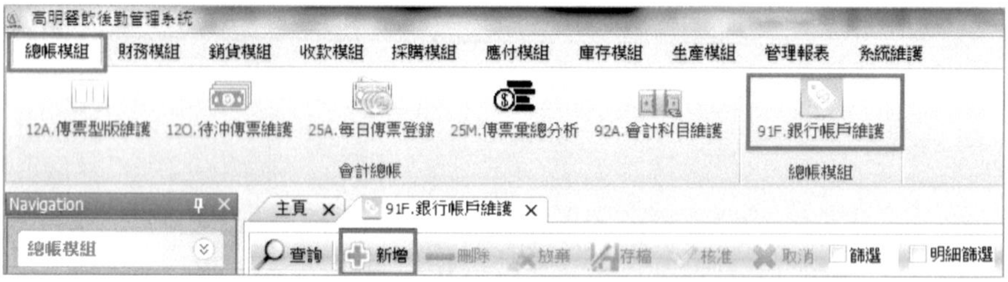

圖 2-3-20　91F. 銀行帳戶維護 - 新增

Step02 在「銀行帳戶」填入「008」。在「帳戶名稱」填入「華南銀行」。先「存檔」，再「核准」。

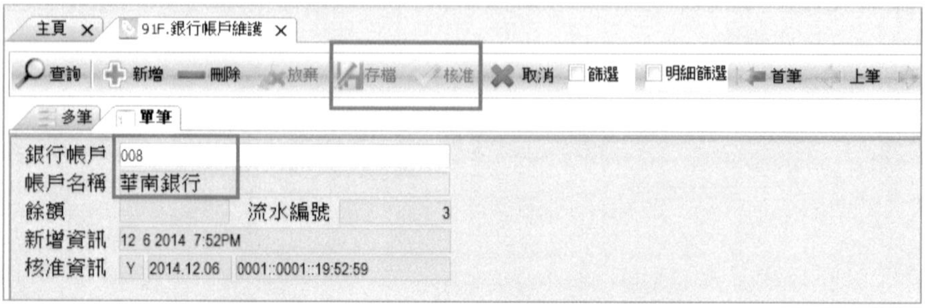

圖 2-3-21　91F. 銀行帳戶維護 - 檔頭設定

2-3-6 會計科目設定

各個會計科目的使用頻率會依企業的種類、經營方式而有所不同。透過【92A. 會計科目維護】功能可以設定企業本身常使用到的會計科目，不僅可以透過會計科目每筆的傳票編號來追蹤交易，也可以透過會計科目餘額來檢視公司經營的狀況。【92A. 會計科目維護】功能也能夠新增以及刪減會計科目，讓公司更能因應自身的需求，去做相對應的調整。

案例 8

上月 PAPA PUFFS 使用 google 關鍵字廣告，為了查詢「PAPA PUFFS 泡芙專賣店」近期在廣告上所支付的總金額，因此利用【92A. 會計科目維護】查閱廣告支付的明細。

- 功能位置：【總帳模組】→【92A. 會計科目維護】。
- 功能說明：選擇【92A. 會計科目維護】，查詢會計科目餘額。
- 操作練習：查詢「廣告費」花費的累積金額。

Step01 在【總帳模組】中的【92A. 會計科目維護】，點擊「查詢」。

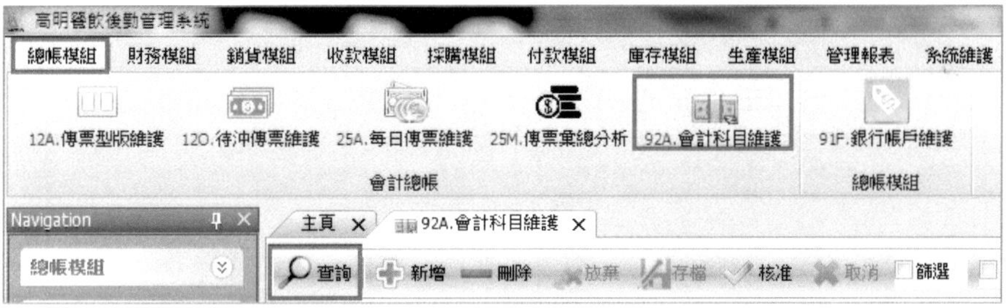

圖 2-3-22　92A. 會計科目維護 - 查詢

Step02 在「科目名稱」填入「廣告費」，點擊「開始擷取並傳回」。

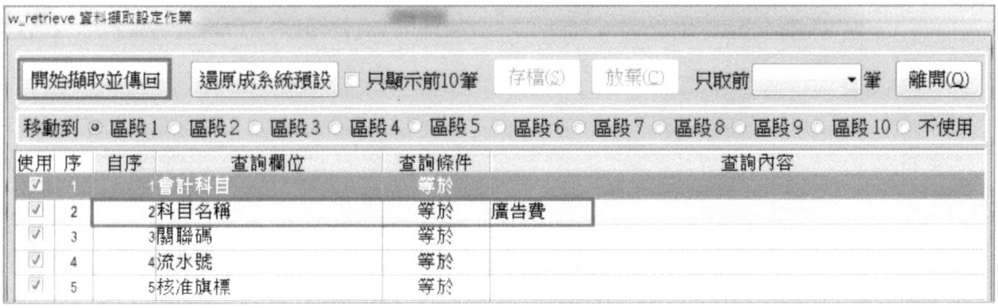
w_retrieve 資料擷取設定作業
開始擷取並傳回
還原成系統預設
只顯示前10筆
存檔(S)
放棄(C)
只取前
筆
離開(Q)
移動到 區段1 區段2 區段3 區段4 區段5 區段6 區段7 區段8 區段9 區段10 不使用
使用 序 自序 查詢欄位 查詢條件 查詢內容
1 1會計科目 等於
2 2科目名稱 等於 廣告費
3 3關聯碼 等於
4 4流水號 等於
5 5核准旗標 等於

圖 2-3-23　92A. 會計科目維護 - 查詢條件

Step03 在【92A. 會計科目維護】畫面顯示「廣告費」花費的金額。

圖 2-3-24　92A. 會計科目維護 - 餘額

Step04 在【92A. 會計科目維護】畫面顯示「廣告費」交易明細。雙擊第一筆「傳票編號：20140101002」。

圖 2-3-25　92A. 會計科目維護 - 交易明細

Step05 連接到【25A. 每日傳票登入】畫面，查看這筆「廣告費」支付的時間。

圖 2-3-26　25A. 每日傳票登入 - 交易明細

案例 9

「PAPA PUFFS 泡芙專賣店」將每日收入存至銀行內，便會有「利息收入」的產生，因此新增一筆會計科目為「利息收入」。

- 功能位置：【總帳模組】→【92A 會計科目維護】。
- 功能說明：選擇【92A. 會計科目維護】，新增會計科目。
- 操作練習：新增一筆「利息收入」的會計科目。

Step01 在【總帳模組】中的【92A. 會計科目維護】，新增一筆資料。

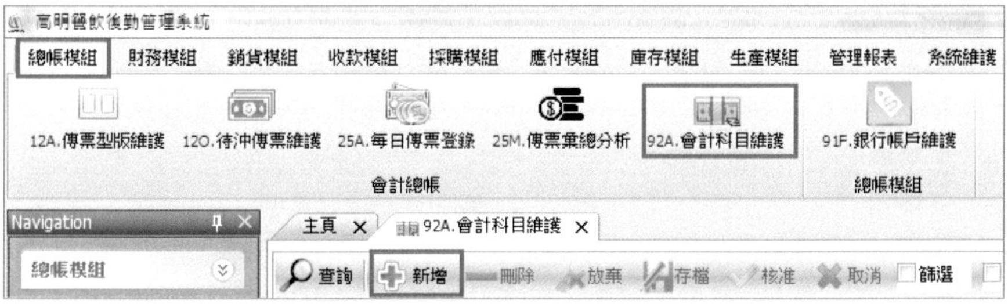

圖 2-3-27　92A. 會計科目維護 - 新增

Step02 在下列必填欄位中填入基本資料：

在「會計科目」填入「904300」。

在「科目名稱」填入「利息收入」。

在「關聯碼」的下拉選項中，選擇「00：其他」。

在「虛實」的下拉選項中，選擇「F」。

在「借貸」的下拉選項中，選擇「C」。

在「正負」的下拉選項中，選擇「-」。

在「餘額正負」的下拉選項中，選擇「1」。

先「存檔」，再「核准」。

詳細說明請參考 2-24 頁。

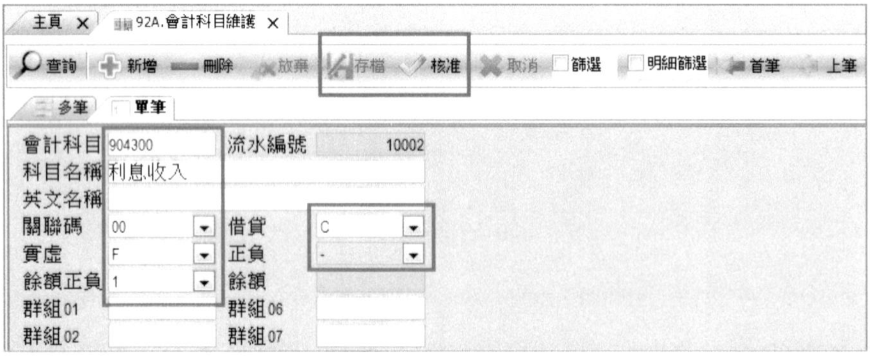

圖 2-3-28　92A. 會計科目維護 - 檔頭設定

Step03 按下「核准」後，完成這筆會計科目新增。

圖 2-3-29　92A. 會計科目維護 - 核准

【系統預設】會計科目總表

rec	會計科目	科目名稱	英文名稱	關聯碼	借貸	餘額正負	餘額	實虛	正負	子科目範圍
1	110100	庫存現金		06	D	1		T	+	
2	110200	銀行存款		02	D	1		T	+	'91F'
3	114100	應收票據		03	D	1		T	+	'94A'
4	114400	應收帳款		13	D	1		T	+	'94A'
5	123100	商品		81	D	1		T	+	
6	123200	製成品		82	D	1		T	+	
7	123300	半成品		83	D	1		T	+	
8	123400	原料		84	D	1		T	+	
9	123500	在製品		86	D	1		T	+	
10	124100	暫付款		24	D	1		T	+	
11	125600	預付貨款		24	D	1		T	+	'95A'
12	155100	運輸設備		00	D	1		T	+	
13	155200	累計折舊-運輸設備		00	C	1		T	+	
14	156100	生財器具		00	D	1		T	+	
15	156200	累計折舊-生財器具		00	C	1		T	+	
16	183100	開辦費		00	D	1		T	+	
17	186600	進項稅額		34	D	1		T	+	'95A'
18	210200	銀行借款		02	C	-1		T	+	
19	214100	應付票據		04	C	-1		T	+	'95A'
20	214300	應付帳款		14	C	-1		T	+	'95A'
21	214700	應付費用		24	C	-1		T	+	
22	214800	應付所得稅		00	C	-1		T	+	
23	224100	暫收款		00	C	-1		T	+	'94A'
24	225600	預收貨款		23	C	-1		T	+	'94A'
25	286600	銷項稅額		33	C	-1		T	+	'94A'
26	310100	股本		00	C	-1		T	+	
27	321100	累計盈虧		10	C	-1		T	+	
28	322900	本期損益		09	C	-1		T	+	
29	410100	銷貨收入		00	C	-1		F	+	
30	410200	銷貨退回		00	D	-1		F	-	
31	410300	銷貨折讓		00	D	-1		F	-	
32	500000	銷貨成本		00	D	1		F	+	
33	510100	商品進貨		00	D	1		F	+	
34	510200	商品退回		00	D	1		F	-	
35	510300	商品折讓		00	D	1		F	-	
36	520100	原料進貨		00	D	1		F	+	
37	520200	原料退回		00	D	1		F	-	
38	520300	原料折讓		00	D	1		F	-	
39	530100	物料進貨		00	D	1		F	+	
40	530200	物料退回		00	D	1		F	-	
41	530300	物料折讓		00	D	1		F	-	
42	540100	直接材料		00	D	1		F	+	
43	540200	直接人工		00	D	1		F	+	
44	540301	(製)薪資費用		00	D	1		F	+	'93A'
45	540302	(製)租金費用		00	D	1		F	+	

圖 2-3-30　會計科目總表

「關聯碼」是本系統的特色之一，它有二個作用，一是拋轉傳票時科目的對應，二是配合『子科目範圍』的設定，它讓會計科目的子科目直接對應到營業活動的重要對象，如下所示，02 對應到銀行帳戶、03 與 13 對應到客戶、04 與 14 對應到廠商在練習時，建議僅修改科目代碼或科目名稱，「關聯碼、借貸、餘額正負、虛實、正負」等欄位皆不異動。

rec	會計科目	科目名稱	英文名稱	關聯碼	借貸	餘額正負	餘額	實虛	正負	子科目範圍
46	540303	(製)文具用品		00	D	1		F	+	
47	540304	(製)旅費		00	D	1		F	+	
48	540305	(製)運費		00	D	1		F	+	
49	540306	(製)郵電費		00	D	1		F	+	
50	540307	(製)修繕費		00	D	1		F	+	
51	540308	(製)廣告費		00	D	1		F	+	
52	540309	(製)水電瓦斯費		00	D	1		F	+	
53	540310	(製)保險費		00	D	1		F	+	
54	540311	(製)交際費		00	D	1		F	+	
55	540312	(製)加班費		00	D	1		F	+	
56	540313	(製)職工福利		00	D	1		F	+	'93A'
57	540314	(製)呆帳損失		00	D	1		F	+	
58	540315	(製)折舊		00	D	1		F	+	
59	540316	(製)各項攤銷		00	D	1		F	+	
60	540317	(製)獎金		00	D	1		F	+	
61	540318	(製)伙食費		00	D	1		F	+	
62	540319	(製)樣品費		00	D	1		F	+	
63	540320	(製)消耗品		85	D	1		F	+	
64	620100	薪資費用		00	D	1		F	+	'93A'
65	620200	租金費用		00	D	1		F	+	
66	620300	文具用品		00	D	1		F	+	'93A'
67	620400	旅費		00	D	1		F	+	
68	620500	運費		00	D	1		F	+	
69	620600	郵電費		00	D	1		F	+	
70	620700	修繕費		00	D	1		F	+	
71	620800	廣告費		00	D	1		F	+	
72	620900	水電瓦斯費		00	D	1		F	+	
73	621000	保險費		00	D	1		F	+	
74	621100	交際費		00	D	1		F	+	
75	621200	加班費		00	D	1		F	+	
76	621300	職工福利		00	D	1		F	+	'93A'
77	621400	呆帳損失		00	D	1		F	+	
78	621500	折舊		00	D	1		F	+	
79	621600	各項攤銷		00	D	1		F	+	
80	621700	獎金		00	D	1		F	+	
81	621800	伙食費		00	D	1		F	+	
82	621900	樣品費		00	D	1		F	+	
83	622000	什項支出		87	D	1		F	+	
84	904200	庫存盤盈		00	D	1		F	-	
85	904400	其他收入		00	D	1		F	-	
86	954200	庫存盤損		00	D	1		F	+	
87	954400	其他支出		00	D	1		F	+	

圖 2-3-31　會計科目總表

2-3-7 傳票型版設定

一開始，我們先來談談什麼是【傳票】？傳票就是當發生會計事項後，會收到一些收據、發票等票據，財務部門會收取這些票據將它們一一記入帳內，為了方便財務部門記帳，制定了一個固定格式的表格，填入相關的會計科目、金額，並附上原始的票據憑證，作為日後審核帳款的一項依據。例：PAPA PUFFS 泡芙專賣店 2019 年 5 月 3 日向廠商進貨了 50 個草莓泡芙，單價 30 元，以現金支付 1500 元，並開立收據。財務部門事後將會依照此次進貨收據登記入帳，會計科目為，借：草莓泡芙存貨 50 個 1500 元，貸：現金 1500 元，確認借貸平衡後，完成這一次的分錄記帳。

接下來談到的【傳票型版】，就是將經常發生的交易事項做成一個固定的型版，以便日後不需重複輸入，可以直接套用設定好的傳票型版。如上例，我們日後如果又遇到需要進貨草莓泡芙的時候，可以直接套用借記存貨、貸記現金的傳票型版，只要輸入數量、金額就可以快速完成一次的傳票輸入。不論是每月的租金、水電費用，甚至是銷貨收入等等常用的會計事項，都可以建立一個傳票型版增加工作的效率。

補充一下上述提到的【會計事項】是什麼意思，簡單來說，當 PAPA PUFFS 泡芙專賣店遇到了一些情境，而這些情境需要財務部門做會計紀錄的事情均可稱做會計事項。一般餐廳最常遇到的會計事項：進貨、購入設備、薪資、租金、水電等費用、計算餐廳收入等等。

案例 10

Chris 將每月固定支出設定為常用傳票型版，將「水電費用」等經常性支出，利用系統型版功能，減少每月輸入固定傳票的時間，並給予型版編號「0008」，並以「華南銀行」存款定期支付。

- 功能位置：【總帳模組】→【12A. 傳票型版維護】。
- 功能說明：選擇【12A. 傳票型版維護】，將經常發生的交易事項做成傳票型版，方便快速拋傳票。
- 操作練習：建立一筆「水電費用」的傳票型版。

Step01 在【總帳模組】中的【12A. 傳票型版維護】，新增一筆資料。

圖 2-3-32　12A. 傳票型版維護 - 新增資料

Step02 在「型版編號」填入「0008」；「型版名稱」填入「水電費用。點擊「存檔」。

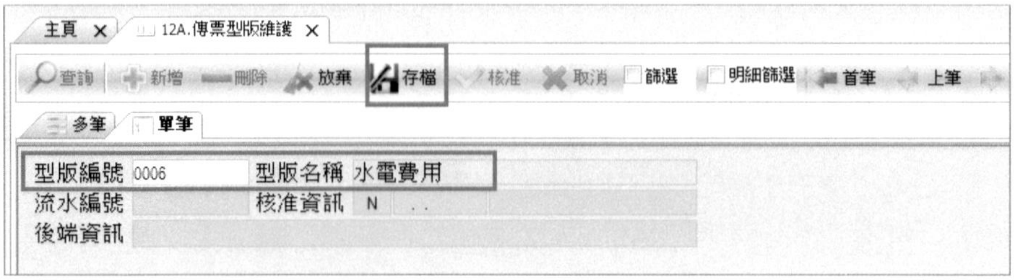

圖 2-3-33　12A. 傳票型版維護

Step03 滑鼠游標移至【檔身】，按兩次【Insert】，新增兩筆資料。

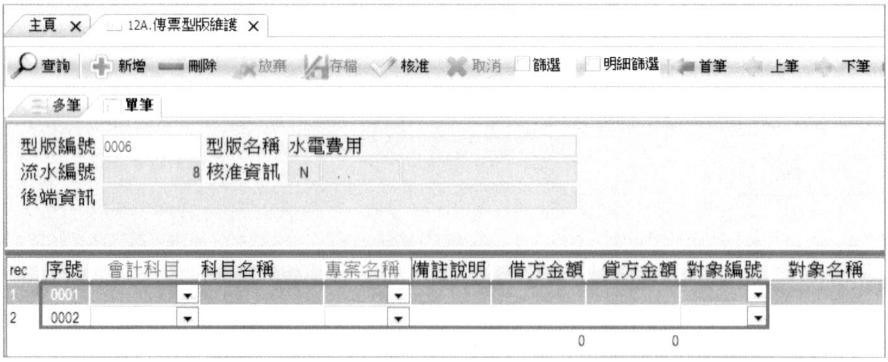

圖 2-3-34　12A. 傳票型版維護 - 檔身設定

Step04 在「會計科目」的下拉選單中，選擇「水電瓦斯費」。

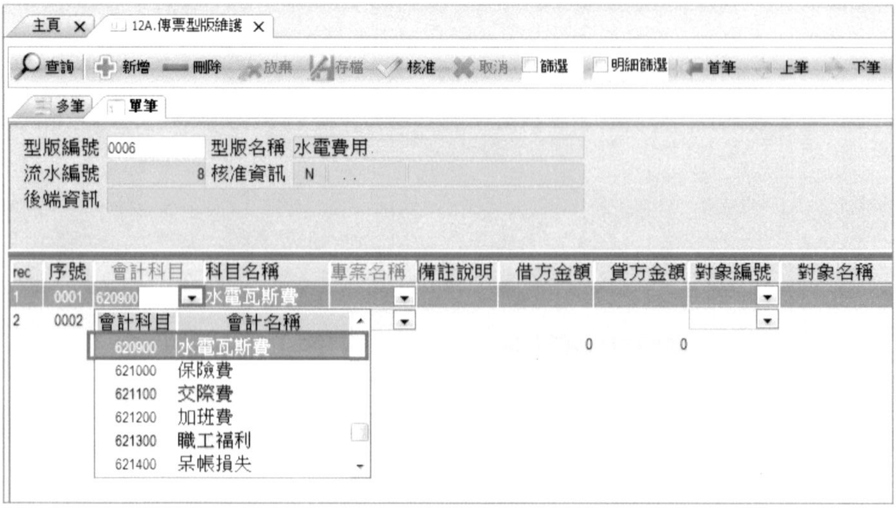

圖 2-3-35　12A. 傳票型版維護 - 新增水電瓦斯費

Step05 在「會計科目」的下拉選單中，選擇「銀行存款」科目。

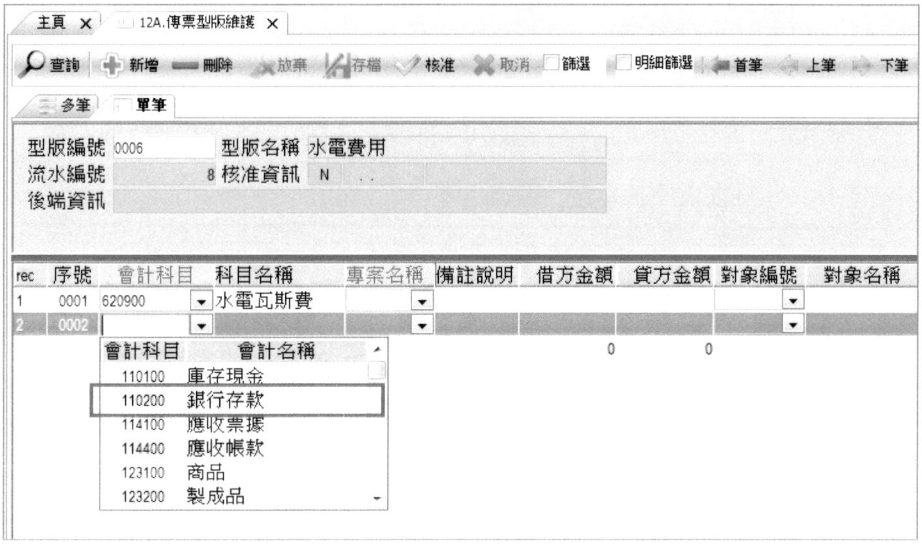

圖 2-3-36 12A. 傳票型版維護 - 新增銀行存款

Step06 在「對象編號」的下拉選單中， 選擇指定銀行「華南銀行」。

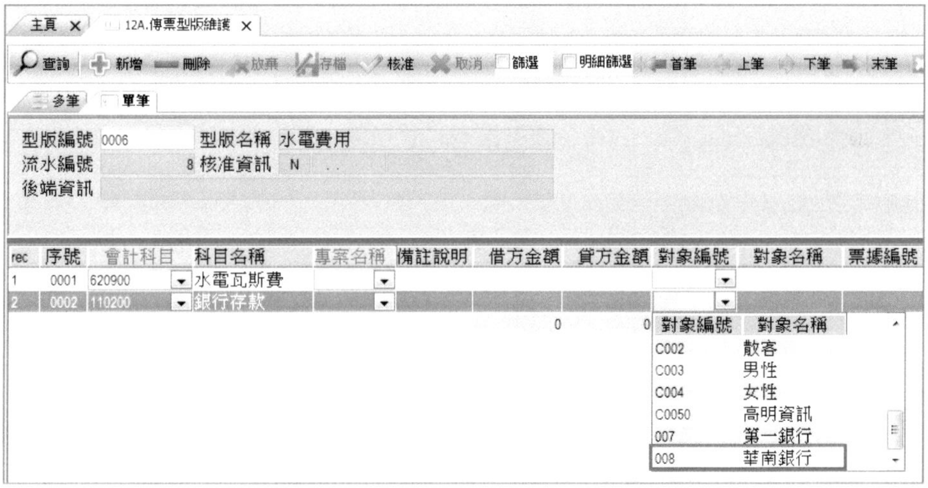

圖 2-3-37 12A. 傳票型版維護 - 指定銀行

Step07 先「存檔」，再「核准」，完成這筆傳票版型設定。

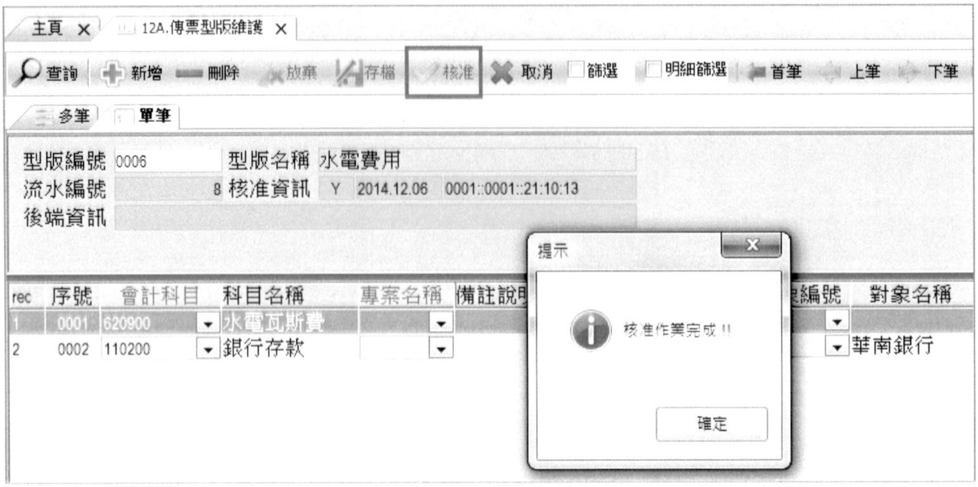

圖 2-3-38　12A. 傳票型版維護 - 核准

2-3-8 萬用片語設定

在【99P. 萬用片語維護】功能中，我們可以設定所有輸入資料時的下拉選項。例如：進貨廠商種類的下拉選項，可以設定提供食材、物料、商品等等不同種類的供應商。簡單來說，【99P. 萬用片語維護】功能就是管理所有下拉選項的地方，能新增也能刪減，讓 ERP 資訊管理系統更符合個別公司的需求。

案例 11

增加【96D. 材料商品維護】中「商品中類」下拉選單的內容。

- 功能位置：【系統維護】→【99P. 萬用片語維護】。
- 功能說明：增加基本資料設定的下拉選單內容。
- 操作練習：新增一筆「商品中類」。

Step01 在【系統維護】中的【99P. 萬用片語維護】，點擊「查詢」。

圖 2-3-39　99P. 萬用片語維護 - 查詢

Step02 在「備註說明」填入「商品」，點擊「開始擷取並傳回」。

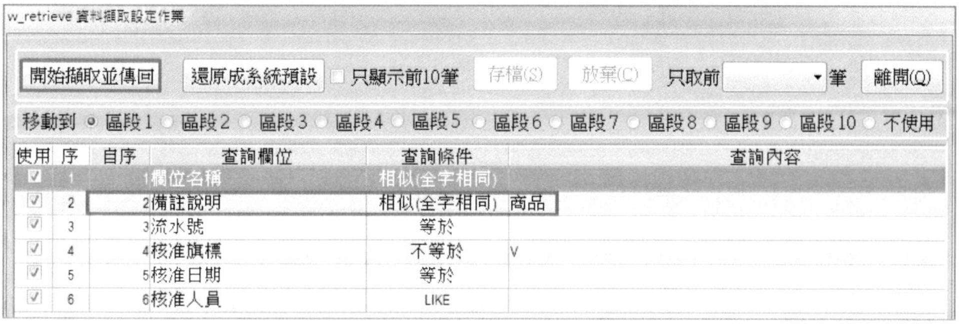

圖 2-3-40　99P. 萬用片語維護 - 查詢條件

Step03 滑鼠游標移至【檔身】的「最後一筆資料」，按【Insert】。

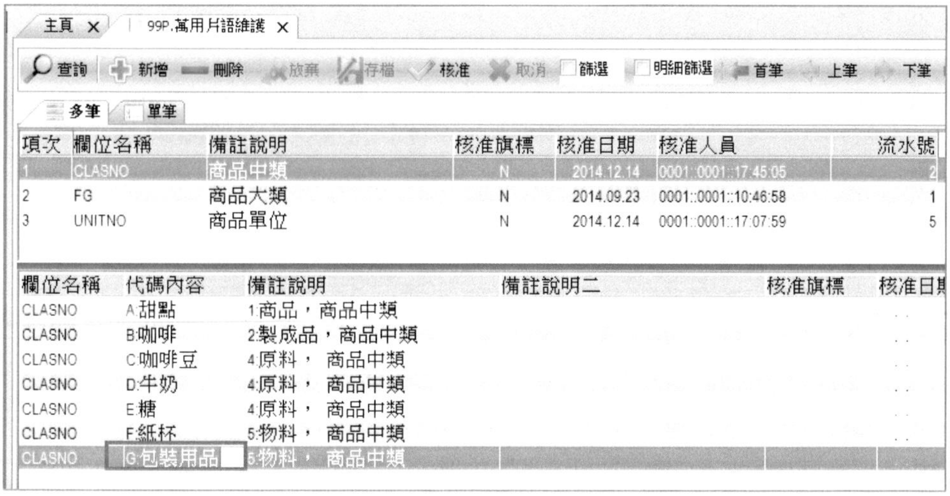

圖 2-3-41　99P. 萬用片語維護 - 檔身設定

Step04 按下【Insert】後，在「代碼內容」填入「H：餐點」。在「備註說明」填入「2：製成品，商品中類」。
先「存檔」，再「核准」。

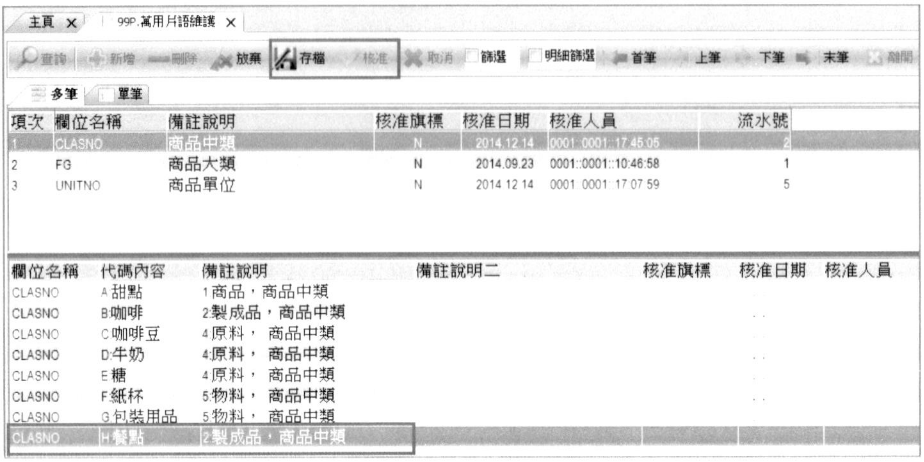

圖 2-3-42　99P. 萬用片語維護 - 檔身設定

Step05 按下「核准」後，代表成功新增「商品中類」的下拉選單內容。

圖 2-3-43　99P. 萬用片語維護 - 核准

2-4 隨堂練習

1.(　) 「PAPA PUFFS 泡芙專賣店」販售多種泡芙，包含巧克力泡芙、紅豆泡芙、芒果泡芙、鮮奶油泡芙等，Chris 店長想透過「高明ERP資訊管理系統」管理自家商品資料，應該使用下列何項系統功能？

(A) 95A.廠商資料維護　(B) 83G.每日生產維護

(C) 96D.材料商品維護　(D) 93A.員工資料維護

2.(　) 請問「95A.廠商資料維護」是屬於何種模組下之功能？

(A) 銷貨模組　(B) 採購模組

(C) 付款模組　(D) 生產模組

3.(　) 請問如需在系統中增加一筆新的商品，需使用系統中哪一功能？

(A) 25A.每日傳票維護　(B) 54A.廠商進貨維護

(C) 96D.材料商品維護　(D) 61A.商品配方維護

4.(　) 請問「91S.行銷專案維護」是屬於何種模組下之功能？

(A) 採購模組　(B) 銷貨模組

(C) 庫存模組　(D) 生產模組

5.(　) 請問「94A.客戶資料維護」是屬於何種模組下之功能？

(A) 銷貨模組　(B) 庫存模組

(C) 生產模組　(D) 收款模組

6.(　) 請問「92A.會計科目維護」是屬於何種模組下之功能？

(A) 總帳模組　(B) 財務模組

(C) 收款模組　(D) 付款模組

7.(　　)　請問如需在系統中查詢某一筆費用之支付明細，需使用系統中哪一功能？

(A) 25A.每日傳票維護　　(B) 91F.銀行帳戶維護

(C) 92A.會計科目維護　　(D) 91S.行銷專案維護

8.(　　)　請問如需在系統中增加一筆「利息收入」的會計科目，需使用系統中哪一功能？

(A) 91F.銀行帳戶維護　　(B) 92A.會計科目維護

(C) 48I.客戶收款維護　　(D) 58I.廠商付款維護

9.(　　)　請問如需在系統中將經常發生的交易事項設定為固定傳票，需使用系統中哪一功能？

(A) 12A.傳票型版維護　　(B) 25A.每日傳票維護

(C) 94F.銀行帳戶維護　　(D) 92A.會計科目維護。

10.(　　) 請問「12A.傳票型版維護」是屬於何種模組下之功能？

(A) 總帳模組　　(B) 財務模組

(C) 收款模組　　(D) 付款模組

CHAPTER

03

採購作業流程

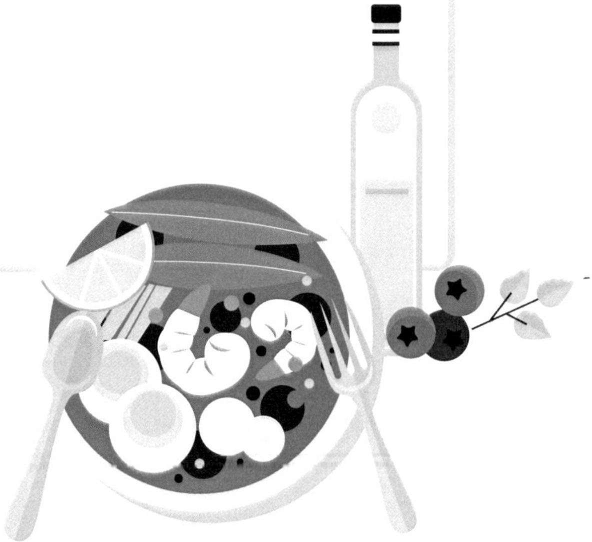

3-1 流程說明

系統正式上線後實際執行「採購作業」，採購的材料類別可分別為「商品」與「材料」，前者可以直接買賣，後者則是經過製造之後變成製成品。一般大企業的採購模組會有請購、採購、收貨、品檢、入庫等步驟，而本系統去繁從簡，僅保留廠商收貨和退回作業。而採購之廠商、材料、月份等維度，都可進一步做交叉分析。

以下我們來介紹一下商品的分類（以泡芙店為例）：

「商品」：屬於買賣業的範疇。跟進貨廠商進貨，再將這些庫存直接賣給客人，不需要任何加工的這類產品屬於商品。如：向泡芙工廠買入聖誕泡芙，在聖誕節時直接在店裡販售，沒有經過任何加工，只有買進與賣出，聖誕泡芙就屬於商品。

「製成品」：由半成品製作而成，是最終要賣給消費者的產品，過程裡需要有加工的步驟，並非直接買賣。如：草莓泡芙。製作過程是將烤好的半成品泡芙切開，中間擠上鮮奶油，最後放入草莓而成的草莓泡芙，包裝後可以直接販售給消費者。

「半成品」：由原料製作而成，或是從外面購買而來，是製作製成品的材料。如：烤好的泡芙，但尚未切開且加入餡料。向市場直接購入卡士達醬，而非自己製作。

「原料」：跟生產出來的最終產品有直接相關的材料。如：製作泡芙需要的麵粉、雞蛋、糖等等。

一個簡單的製程可以繪製以下流程圖：

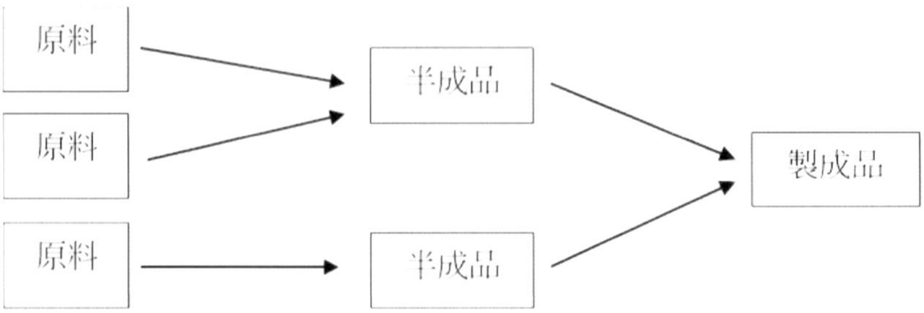

當然，不同的產品所使用的原料、半成品都會不一樣，可能半成品由自己製作，也可能從外面購買，只要記得以上原料、半成品、製成品的分類原則，就可以繪製出屬於該項產品專屬的製作流程圖。

「物料」：物料是指與生產產品無直接相關的材料或物品，又可分為不管制庫存與管制庫存。如：紙筆文具、迴紋針、磁鐵等等。

「不管制庫存」：低價值的消耗品，單價低不需管制。在購買時，借記辦公雜費，貸記零用金。如：衛生紙、橡皮筋、塑膠袋等等。

「管制庫存」：高價值的消耗品或物品，單價高需管制。在購買時，借記存貨，貸記現金或應付帳款。若金額更高的就需納入固定資產。如：辦公室購買錄音筆。

表 3-1　採購模組

功能選項	功能應用
54A.廠商進貨維護	登錄材料進貨資料，其分析可以利用【54J. 材料進貨分析】。
54C.廠商進退維護	登錄材料退貨資料，其分析可以利用【54J. 材料進貨分析】。
54I.廠商進貨分析	瀏覽所有的應付帳款資料。即【54A. 廠商進貨維護】之中，屬於月結的。
54J.材料進貨分析	瀏覽所有的應付帳款資料。即【54A. 廠商進貨維護】與【54C. 廠商進退維護】之中，對於所有的資料進行「交叉分析」或「篩選」。
95A.廠商資料維護	建立廠商資料，亦可瀏覽該廠商的進貨與退貨狀況。
93A.員工資料維護	建立員工資料，亦可瀏覽傳票的子科目是員工者。

Tips

單據與傳票的關係，請參照附錄 A-3 八大異動單據。

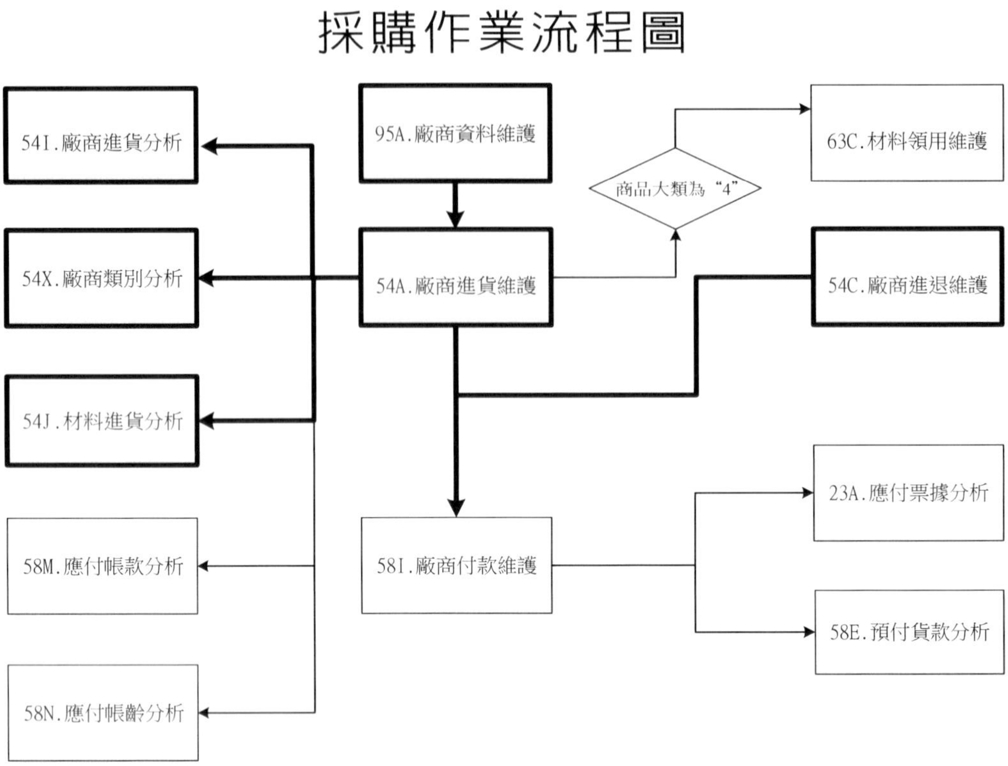

3-2 操作流程

3-2-1 商品進貨流程

在【54A. 廠商進貨維護】功能中，我們可以查詢所有已經匯入系統的進貨單，也可以透過此功能新增進貨單，也就是做採買、進貨的動作。

案例 1

2016/01/01 使用系統新增一筆進貨資料，向「日式甜點烘培坊」進貨 200 個「鮮奶泡芙 ($10/ 個)」，並以現金支付。

- 功能位置：【採購模組】→【54A. 廠商進貨維護】。
- 功能說明：選擇【54A. 廠商進貨維護】，新增採購單。
- 操作練習：向「日式甜點烘培坊」進一批泡芙。

針對料件編號的名詞，在不同行業不同軟體會有不同的名稱，例如：「商品編號」「料號編號」「機種編號」「產品編號」等，其意義是相同的。因此在本書與軟體之中，「料件編號」與「產品編號」是相同的。

表 3-2　2016 年 1 月 1 日進貨統計

廠商	商品	數量	單價
日式甜點烘培坊	鮮奶泡芙	200	10

▣ 操作步驟：新增一筆進貨單。

Step01 在【採購模組】中的【54A. 廠商進貨維護】，新增一筆資料。

圖 3-2-1　54A. 廠商進貨維護 - 新增

Step02 在「單據日期」輸入「2016.01.01」。
在「廠商編號」的下拉選單中，選擇「日式甜點」。
在「付款方式」的下拉選單中，選擇「現金」。
最後再點擊「存檔」。

圖 3-2-2　54A. 廠商進貨維護 - 檔頭設定

Step03 滑鼠游標移至【檔身】，按一次【Insert】。

在「料件編號」下拉選單中，選擇「鮮奶泡芙」。在「數量」填入「200」；在「單價」填入「10」。系統會自動計算「金額」。

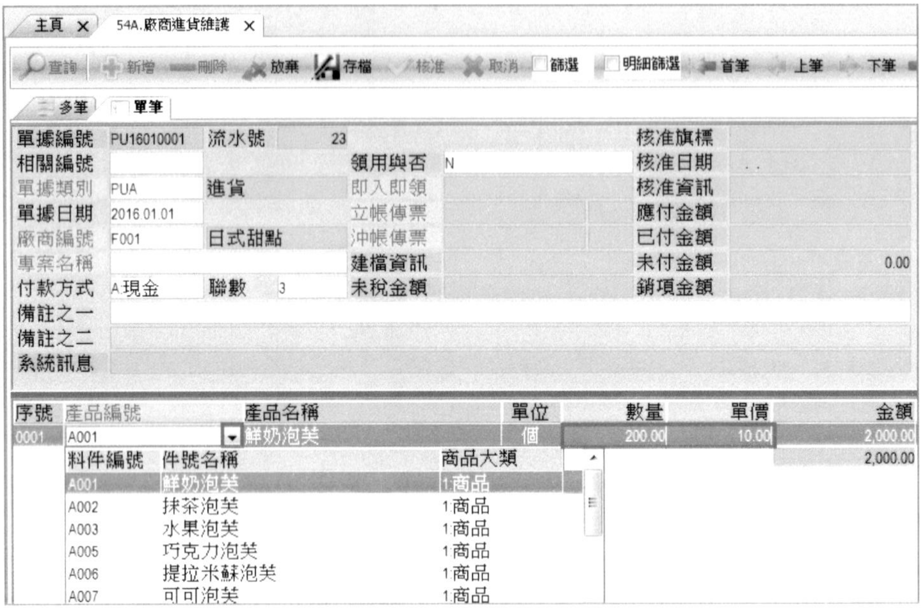

圖 3-2-3　54A. 廠商進貨維護 - 檔頭設定

Step04 先「存檔」，再「核准」。

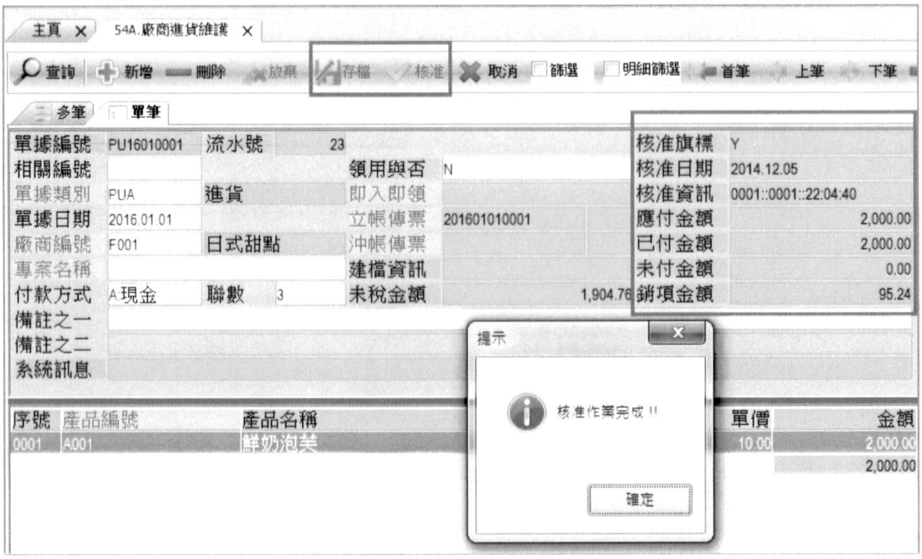

圖 3-2-4　54A. 廠商進貨維護 - 核准

Step05 「核准」完，雙擊「立帳傳票」。

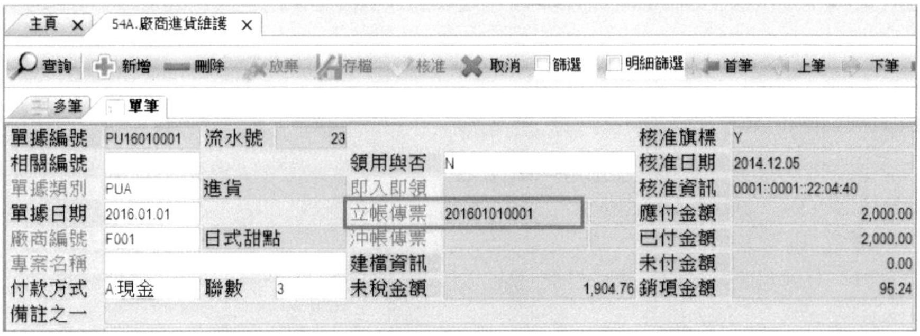

圖 3-2-5　54A. 廠商進貨維護 - 立帳傳票

Step06 連結到【25A. 每日傳票維護】單筆頁籤中，顯示本次交易明細。

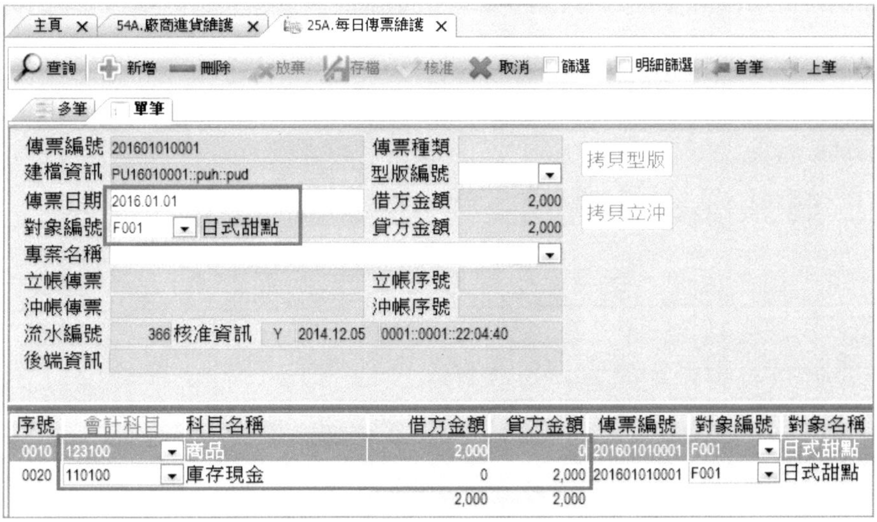

圖 3-2-6　25A. 每日傳票維護 - 單筆頁籤

【立帳傳票】：在了解立帳傳票前，先來介紹一下「立帳」究竟是什麼呢？

所謂立帳顧名思義就是成立一個帳戶，但是為什麼要成立帳戶呢？如我們前面所提及，在餐廳進貨時候收到的單據，我們依照單據上的資料做好分錄記帳，例如：進貨 50 個草莓泡芙，單價 30 元，以現金支付，這時我們借記：草莓泡芙存貨 1500 元，貸記：現金 1500 元，完成分錄記帳。以大部分餐廳來說，每個月底會統計營業額、食材成本等等，來計算這一個月以來的損益狀況，這時必須統計這一個月以來進貨的單據，所以我們成立一個帳戶，將這個月的進貨狀況都記錄在這個帳戶上，什麼時候進的貨、進了多少、金額是多少都一目了然，方便管理人在查帳的時候可以很快速知道進貨的狀況。成立這一個帳戶的動作就稱為「立帳」，這些帳戶的會計名稱為「分類帳」，而將分錄上的資料轉記到分類帳上的動作稱為「過帳」。

如上例，我們要統計草莓泡芙這個月的進貨，所以我們成立一個「草莓泡芙存貨」的分類帳，將草莓泡芙此次的進貨轉記入分類帳中，因為存貨增加是屬於借方增加，所以在草莓泡芙存貨的分類帳中我們借記 1500 元，完成這次的過帳動作。

本系統在使用者完成輸入進貨產品、數量、單價並且儲存、核准時，會自動產生立帳傳票，所以在雙擊「立帳傳票」時，連結到【25A. 每日傳票維護】，可以看到「圖 3-2-6」底下已經完成借記：商品 2000，貸記：現金 2000，完成此次立帳和建立傳票的動作。

3-2-2 商品退貨流程

若在商品進貨後，發現有些商品是不符合規格的不良品，並且要求廠商退貨。我們可以透過【54C. 廠商進退維護】功能，來記錄退貨單，也可以在此功能中查詢所有已匯入的退貨單。

案例 2

2016/01/01 向「日式甜點烘培坊」進了一批「鮮奶泡芙」，送貨員在運送途中不小心壓壞泡芙，驗貨時發現有 50 個泡芙外觀損傷、內餡外漏，直接向廠商退貨。

- 功能位置：【採購模組】→【54C. 廠商進退維護】。
- 功能說明：選擇【54C. 廠商進退維護】，新增進退單。
- 操作練習：點貨的時候發現有 50 個「鮮奶泡芙」被壓壞，所以向廠商退貨。
- 操作步驟 (一)：查詢這批「鮮奶泡芙」的進貨單據編號。

Step01 在【採購模組】的【54A. 廠商進貨維護】，點擊「查詢」。

圖 3-2-7　54A. 廠商進貨維護 - 查詢

Step02 在「進貨日期」輸入「20160101」；在「廠商名稱」輸入「日式甜點」，點擊「開始擷取並傳回」。

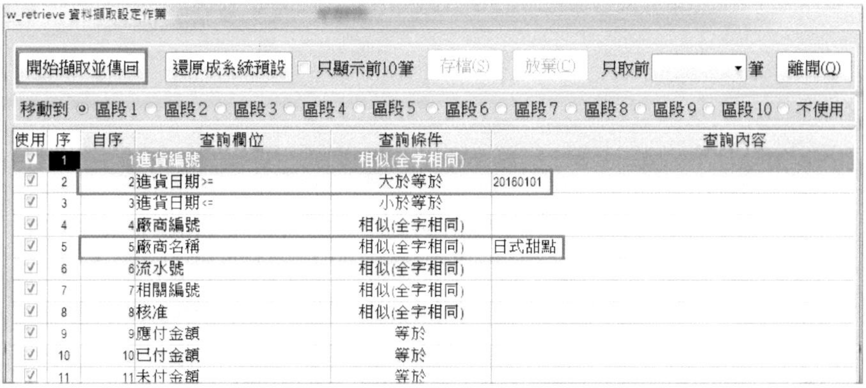

圖 3-2-8　54A. 廠商進貨維護 - 查詢條件

Step03 在【54A. 廠商進貨維護】的「單筆頁籤」中，記下單據編號：【PU16010001】。

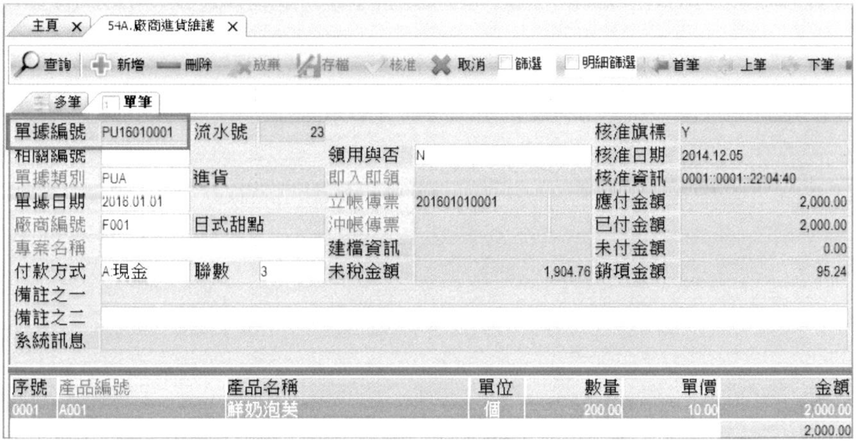

圖 3-2-9　54A. 廠商進貨維護 - 記錄單據編號

▣ 操作步驟 (二)：新增一筆退貨單。

Step01 在【採購模組】的【54C 廠商進退維護】，新增一筆資料。

圖 3-2-10　54C. 廠商進退維護 - 新增

Step02 在「單據日期」填入 2016.01.01 。
在「廠商編號」的下拉選單中，選擇「日式甜點」。在「付款方式」的下拉選單中，選擇「現金」。
在「進貨編號」下拉選單中，選擇【PU16010001】。點擊「存檔」。

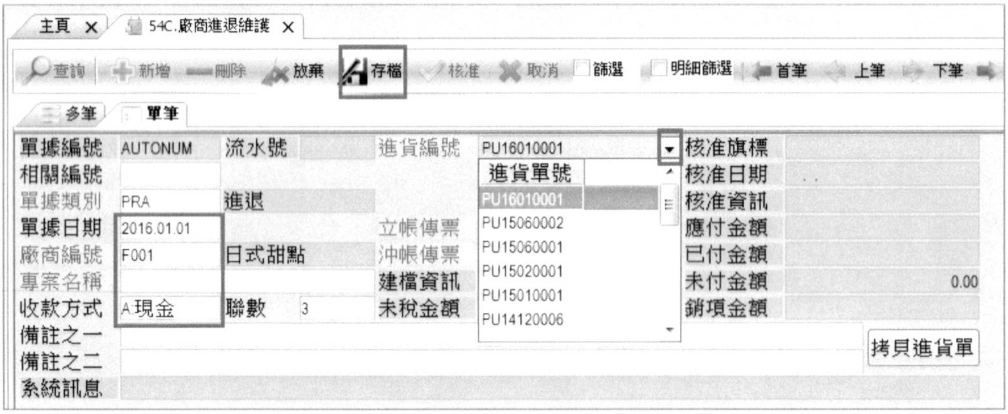

圖 3-2-11　54C. 廠商進退維護 - 檔頭設定

Step03 點擊「拷貝進貨單」，在【檔身】會顯示本次進貨數量。

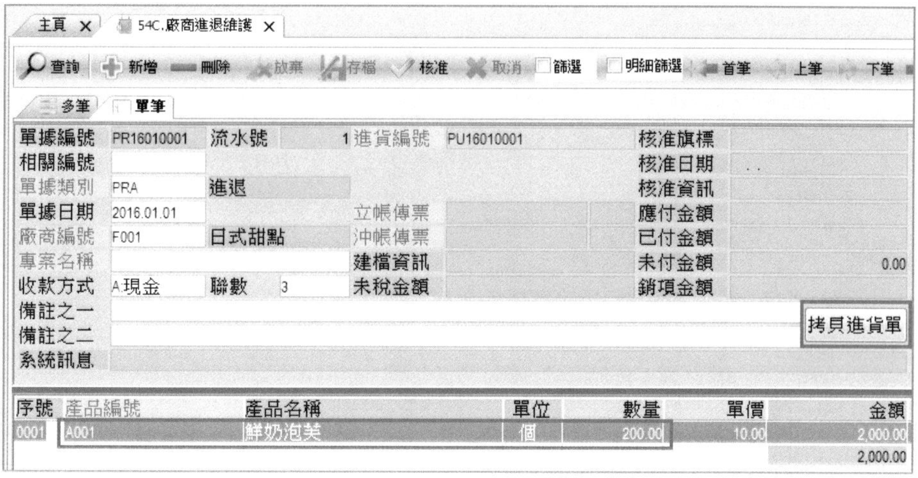
主頁
54C.廠商進退維護
查詢 新增 刪除 放棄 存檔 核准 取消 篩選 明細篩選 首筆 上筆 下筆
多筆 單筆
單據編號 PR16010001 流水號 1 進貨編號 PU16010001 核准旗標
相關編號 核准日期
單據類別 PRA 進退 核准資訊
單據日期 2016.01.01 立帳傳票 應付金額
廠商編號 F001 日式甜點 沖帳傳票 已付金額
專案名稱 建檔資訊 未付金額 0.00
收款方式 A.現金 聯數 3 未稅金額 銷項金額
備註之一
備註之二 拷貝進貨單
系統訊息
序號 產品編號 產品名稱 單位 數量 單價 金額
0001 A001 鮮奶泡芙 個 200.00 10.00 2,000.00
2,000.00

圖 3-2-12　54C. 廠商進退維護 - 拷貝進貨單

Step04 輸入「鮮奶泡芙」退貨「數量」50 個；「存檔」後，再「核准」。

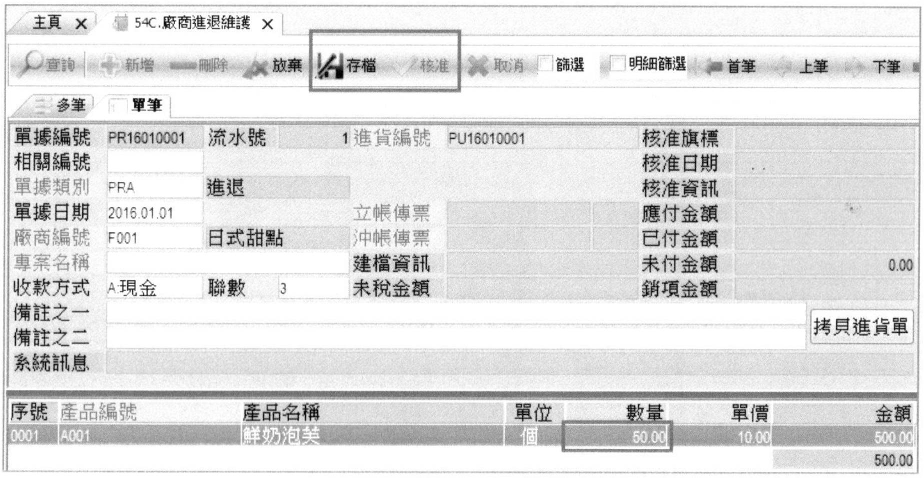

圖 3-2-13　54C. 廠商進退維護 - 輸入退貨數量

Step05 按下「核准」，產生「立帳傳票」，代表退貨單完成。
雙擊「立帳傳票」後，開啟【25A. 每日傳票維護】畫面。

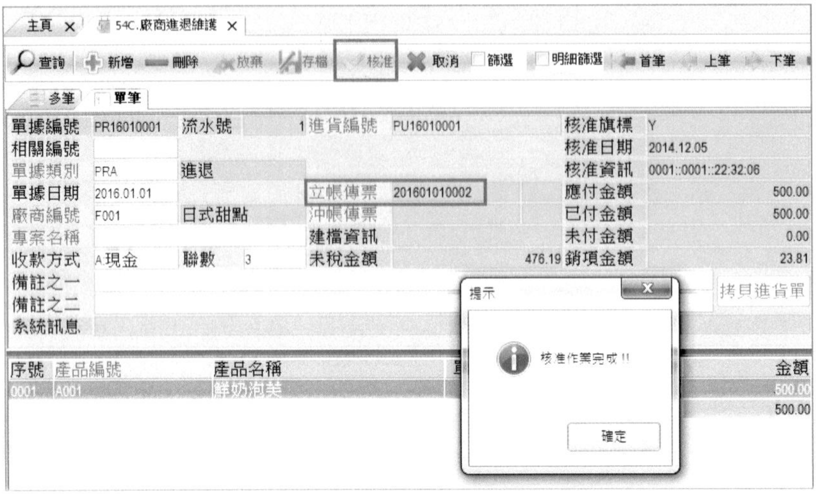

圖 3-2-14　54C. 廠商進退維護 - 立帳傳票

Step06 在【25A. 每日傳票維護】畫面，顯示本次退貨明細。會計分錄為「借：庫存現金 500；貸：商品 500」。

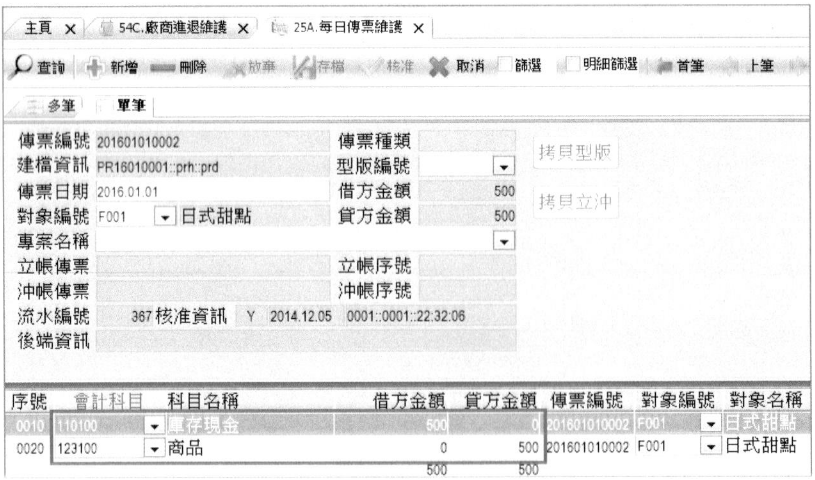

圖 3-2-15　25A. 每日傳票維護 - 單筆頁籤

3-2-3 廠商進貨分析

在【54I. 廠商進貨分析】功能中，我們可以查詢所有賒購未結清的進貨單以及退貨單。透過此功能，能夠輕鬆整理出公司的應付帳，讓管理人能夠清楚得知目前的債務狀況，以利日後的財務規劃。

案例 3

2016/08/03、08/06「PAPA PUFFS 泡芙專賣店」向供應商「日式甜點烘培坊」各賒購一批「鮮奶泡芙」，後續利用系統追蹤所有尚未結清的採購單，並查詢詳細資料。

- 功能位置：【採購模組】→【541. 廠商進貨分析】。
- 功能說明：選擇【541. 廠商進貨分析】，查詢尚未結清的廠商進貨與退回單據。
- 操作練習：查詢 2016 年 8 月未結清的廠商進貨與退回單據。

Step01 在【採購模組】中的【541. 廠商進貨分析】，點擊「查詢」。

圖 3-2-16　541. 廠商進貨分析 - 查詢

Step02 在「年」填入「2016」；在「月」填入「8」，點擊「開始擷取並傳回」。

w_retrieve 資料擷取設定作業
開始擷取並傳回 還原成系統預設 只顯示前10筆 存檔(S) 放棄(C) 只取前 筆 離開(Q)
移動到 區段1 區段2 區段3 區段4 區段5 區段6 區段7 區段8 區段9 區段10 不使用
使用 序 自序 查詢欄位 查詢條件 查詢內容
1 1 單據編號 相似(全字相同)
2 2 廠商編號 相似(全字相同)
3 3 廠商簡稱 相似(全字相同)
4 4 廠商大類 相似(全字相同)
5 6 專案名稱 相似(全字相同)
6 6 年 等於 2016
7 7 月 等於 8
8 8 日 等於
9 9 周 等於
10 10 單據類別 相似(全字相同)
11 11 核准旗標 相似(全字相同)

圖 3-2-17　541. 廠商進貨分析 - 查詢條件

Step03 在【54I. 廠商進貨分析】的【多筆】頁籤，顯示 2016 年 8 月所有未結清的進貨單據。

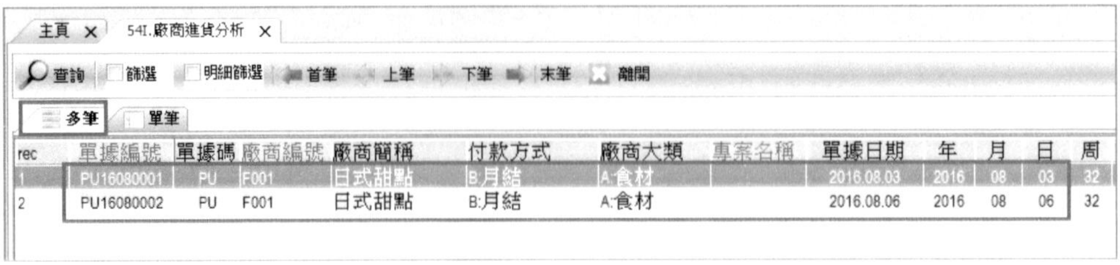

圖 3-2-18　54I. 廠商進貨分析 - 多筆頁籤

Step04 點選【54I. 廠商進貨分析】的【單筆】頁籤，顯示 2016 年 8 月 3 日未結清的採購明細。

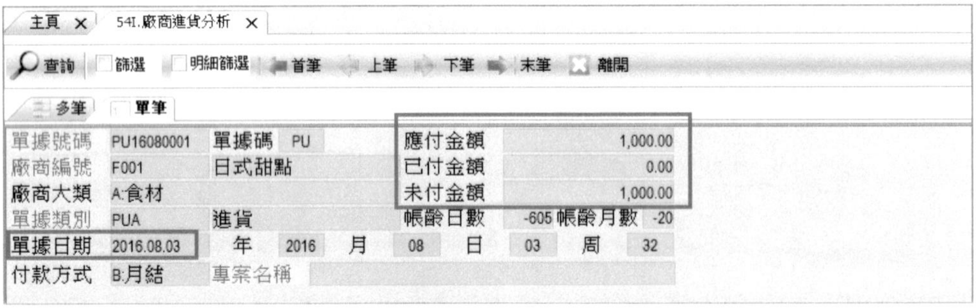

圖 3-2-19　54I. 廠商進貨分析 - 單筆頁籤

3-2-4 材料進貨分析

在【54J. 材料進貨分析】功能中，我們可以藉由查詢功能來找到我們想要知道的進貨資訊後，再對這些資訊去做分析，最後得到進貨材料的交叉分析表。這個分析表對一家公司是相當重要的指標，因為透過分析表可以清楚知道，各項材料的進貨狀況，進而發現公司進貨可能的問題，若能順利找出解決方法，便能降低公司的成本而創造更好的績效。

案例 4

Chris 想要統計 2014 年向「日式甜點烘培坊」進貨的商品情況，因此使用「54J. 材料進貨分析」，利用交叉分析表，了解水果泡芙、鮮奶泡芙、抹茶泡芙的進貨狀況。

- 功能位置：【採購模組】→【54J. 材料進貨分析】。
- 功能說明：選擇【54J. 材料進貨分析】，對於廠商名稱、應付金額、產品名稱等維度做「交叉分析」或「篩選」。
- 操作練習：查詢 2014 年 1 月 ~2014 年 12 月期間內，向「日式甜點烘焙坊」進貨的全部單據。

Step01 在【採購模組】中的【54J. 材料進貨分析】點擊「查詢」。

圖 3-2-20　54J. 材料進貨分析 - 查詢

Step02 在「廠商簡稱」欄位輸入「日式甜點」。在「年」的輸入「2014」。
在「月」的查詢條件，選擇「小於等於」。
在「月」的查詢內容，輸入「12」。
先「存檔」，點擊「開始擷取並傳回」，進行查詢作業。

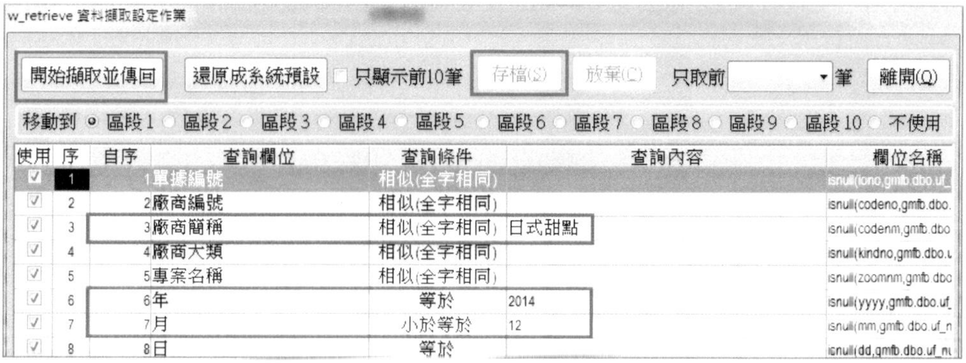

圖 3-2-21　54J. 材料進貨分析 - 查詢條件

Step03 進入「交叉分析」的頁籤。

圖 3-2-22　54J. 材料進貨分析 - 交叉分析

Step04 觀察 2014 年每個月向「日式甜點烘培坊」的進貨數量。

將滑鼠移至「所有資料行」的欄位。把「產品名稱」欄位拖曳至「行」。把「月」欄位拖曳至「列」。 把「應付金額」欄位拖曳至「值」。點擊「分析」的按鈕，進行「交叉分析」。行 (ROW) 是指横軸，列 (COLUMN) 是指縱軸。

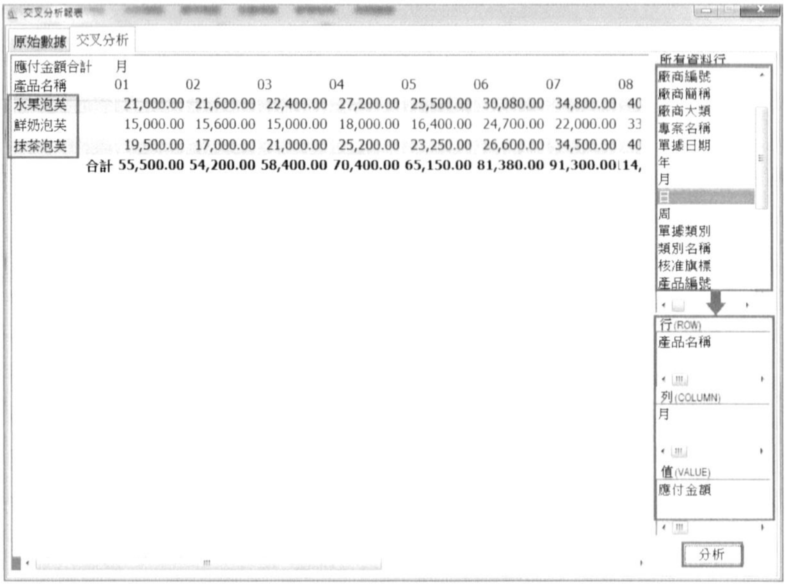

圖 3-2-23　54J. 材料進貨分析

3-3 隨堂練習

1.(　　)　一般大企業的採購流程作業中，採購前會有何種作業程序？
(A)收貨 (B)請購 (C)品檢 (D)入庫

2.(　　)　一般大企業的採購流程作業中，收貨前會有何種作業程序？
(1)採購 (2)請購 (3)品檢 (4)入庫
(A) 12　　(B) 34　　(C) 13　　(D) 24

3.(　　)　對廠商名稱、應付金額、產品名稱等維度做「交叉分析」或「篩選」時可以在何種功能選項下執行：
(A)54J. 材料進貨分析
(B)92A. 會計科目維護
(C)91F. 銀行帳戶維護
(D)93A. 員工資料維護

4.(　　)　高明ERP資訊管理系統正式上線後執行「採購作業」時，何種相關採購資料之維度可以進一步做交叉分析？
(A)採購廠商 (B)材料 (C)月份 (D)以上皆是

5.(　　)　一般大企業的採購流程作業有：(1)採購 (2)請購 (3)品檢 (4)入庫 (5)收貨 等五項，其作業順序依次為？
(A) 12345　　(B) 12534
(C) 21534　　(D) 21345

6.(　　)　一般大企業的採購流程作業中，採購後會有何種作業程序？
(A)收貨 (B)品檢 (C)入庫 (D)以上皆是

7.(　　)　「PAPA PUFFS 泡芙專賣店」向「日式甜點烘焙坊」進了一批「天然雜糧餅乾」，但 Chris 店長點貨時發現有 20 片餅乾已經碎裂，因此想退貨給「日式甜點烘焙坊」，請問 Chris 店長應透過「高明ERP資訊管理系統」的何項系統功能進行退貨？

(A) 95A.廠商進貨維護

(B) 54C.廠商進退維護

(C) 83G.每日生產維護

(D) 96D.材料商品維護

8.(　　)　以下何種功能選項可以執行員工資料建立，亦可瀏覽傳票的子科目是員工者為？

(A)54A. 廠商進貨維護

(B)54C. 廠商進退維護

(C)95A. 廠商資料維護

(D)93A. 員工資料維護

9.(　　)　以下何種功能選項可以執行登錄已進貨商品的退回作業？

(A)54A. 廠商進貨維護

(B)54C. 廠商進退維護

(C)95A. 廠商資料維護

(D)93A. 員工資料維護

10.(　　) 瀏覽所有已付與未付的應付帳款資料可以在何種功能選項下執行？

(A)54I. 廠商進貨分析

(B)54J. 材料進貨分析

(C)44I. 客戶銷貨分析

(D)44J. 商品銷貨分析

CHAPTER

04

銷售作業流程

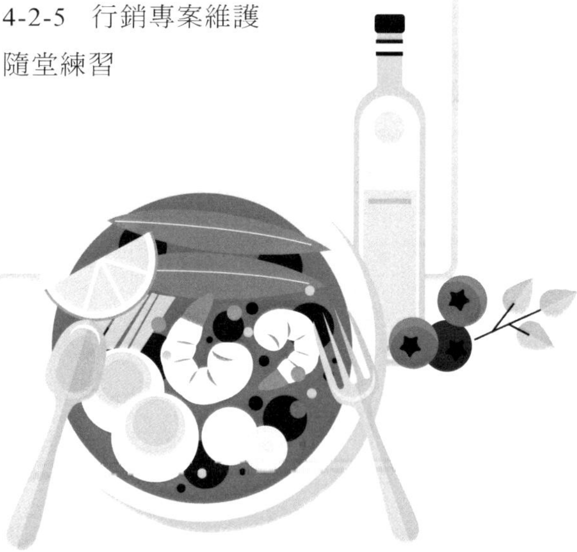

4-1 流程說明

每位創業者，在經營管理店面時，皆必需為店內創造經濟利潤，才能夠永續經營，若僅有進貨卻未銷售，無法創造利益，最後可能造成關店的局面。透過高明 ERP 資訊管理系統將銷貨、退貨流程變的更加簡便，我們可以透過商品銷貨分析，了解各個商品的銷售狀況。

本系統可以用來接收 POS 系統的營收資料，因此可以將所有現金收入的營收，依產品別彙總一天登錄一筆就行。而針對 VIP 客戶提供賒帳再月結請款者，亦可建立客戶資料來管理。特別的促銷活動，則可利用商品銷貨分析來查詢，並結合專案損益分析來評估促銷活動的成效。

表 4-1 銷售模組

功能選項	功能應用
44A.每日銷貨維護	登錄每日的營業收入，營收的分析可以利用「44J. 商品銷貨分析」。
44C.每日銷退維護	登錄每日的銷貨退回，銷貨退回的分析可以利用「44J. 商品銷貨分析」。
44I.客戶銷貨分析	瀏覽所有的應收帳款資料。即 4「44A. 每日銷貨維護」之中，屬於月結的。
44J.商品銷貨分析	瀏覽所有的應收帳款資料。即「44A. 每日銷貨維護」之中，所有的資料分析篩選等。
94A.客戶資料維護	建立客戶資料，亦可瀏覽該客戶的銷貨與退貨狀況。
91S.行銷專案維護	建立行銷專案，亦可瀏覽該行銷專案的傳票狀況。

銷貨作業流程圖

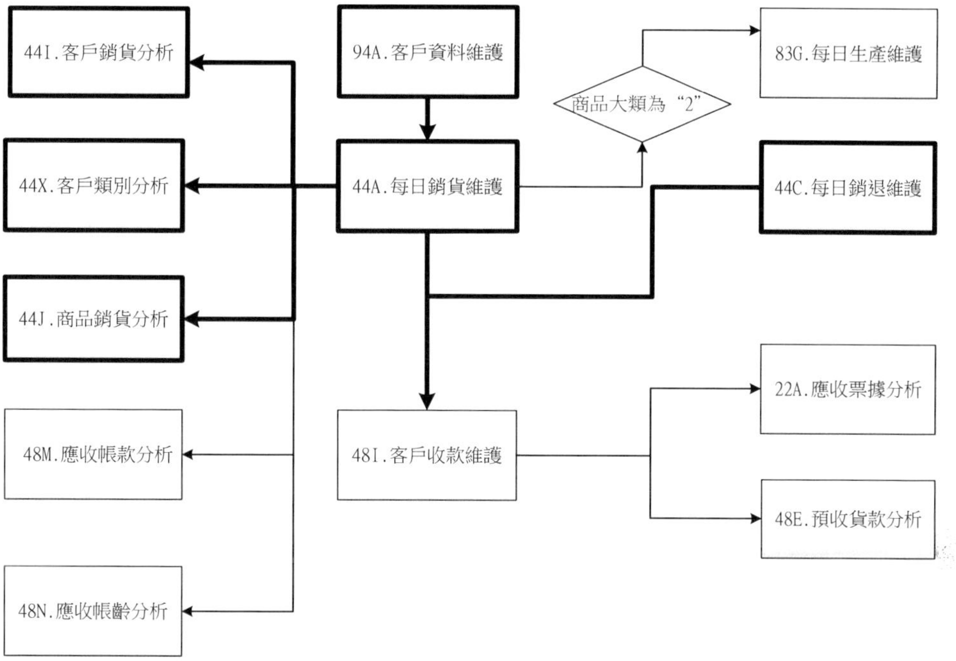

4-2 操作流程

4-2-1 商品銷貨流程

在【44A. 每日銷貨維護】功能中，我們可以將當日所有銷貨單匯入 ERP 系統中，完成每日營業收入的記帳。在此功能中，我們可以查詢所有已匯入系統的銷貨紀錄，也能新增銷貨單來記錄營業收入。透過銷貨單上記錄的日期、客戶、付款方式等等，詳細記錄每一筆交易，讓銷貨的管理更加便利。此外，若是因為客人退貨而要補償客人的部分，在收款方式中選擇「招待」，填上需補償客人的數量，金額填上「0」就能完成招待客人的紀錄。

案例 1

2016/01/01 元旦放假，是個適合出外踏青的好日子，在外地工作或是求學的人，都選在這天回家探望家人，當天有位客戶購買 100 個「鮮奶泡芙 ($30/ 個)」以現金支付，當做伴手禮帶回老家。

表 4-2　2016 年 1 月 1 日銷售明細

客戶	商品	數量	單價
散客	鮮奶泡芙	100	30

- 功能位置：【銷售模組】→【44A. 每日銷貨維護】。
- 功能說明：選擇【44A. 每日銷貨維護】，新增銷貨單。
- 操作練習：新增一筆「散客」的銷貨單。

Step01 在【銷貨模組】中的【44A. 每日銷貨維護】，新增一筆資料。

圖 4-2-1　44A. 每日銷貨維護 - 新增

Step02 在「單據日期」輸入「2016.01.01 」。
在「客戶編號」的下拉選單中，選擇「散客」。
在「收款方式」的下拉選單中，選擇「現金」。
最後再點擊「存檔」。

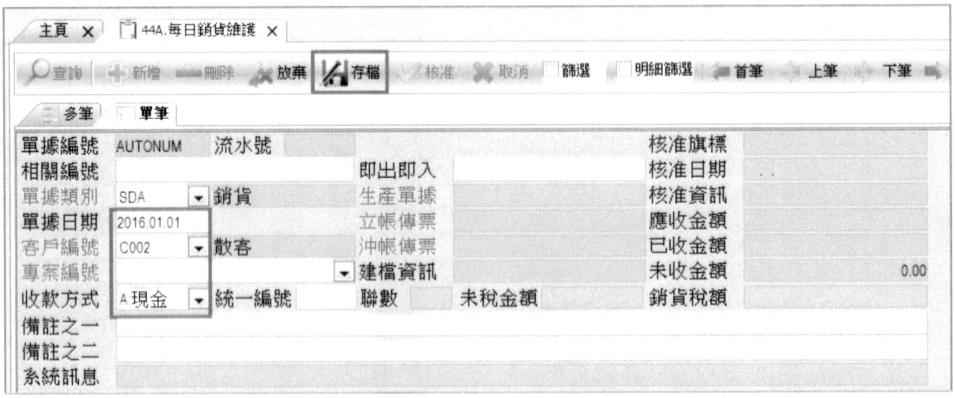

圖 4-2-2　44A. 每日銷貨維護 - 檔頭設定

Step03 滑鼠游標移至【檔身】按下【Insert】，新增一筆交易明細。

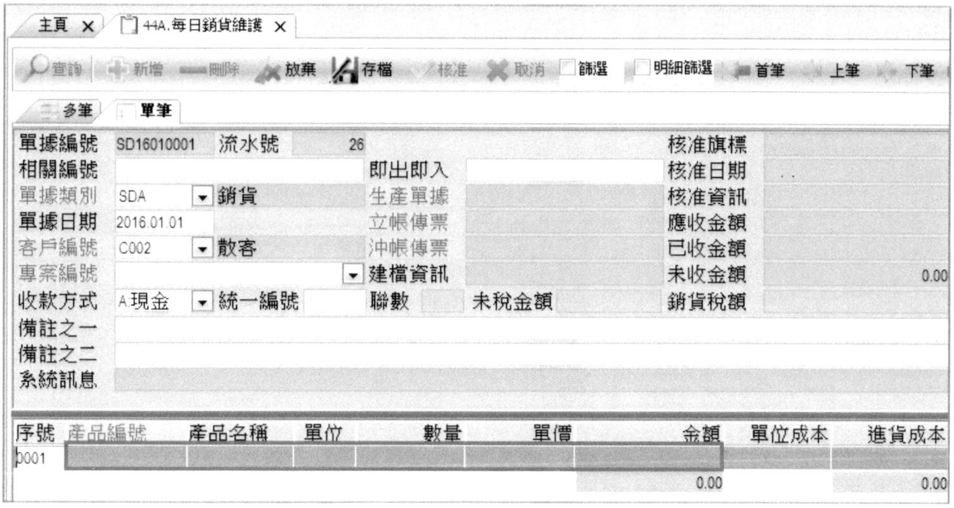

圖 4-2-3　44A. 每日銷貨維護 - 檔身設定

Step04 在「料件編號」的下拉選項中，選擇「鮮奶泡芙」。

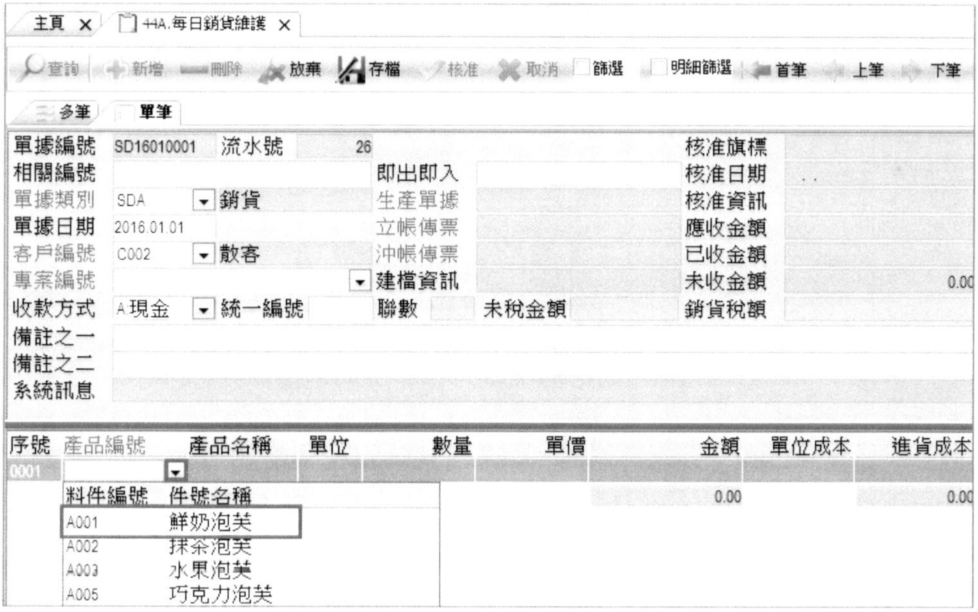

圖 4-2-4　44A. 每日銷貨維護 - 檔身設定

Step05 在「數量」填入「100」；在「單價」填入「30」。

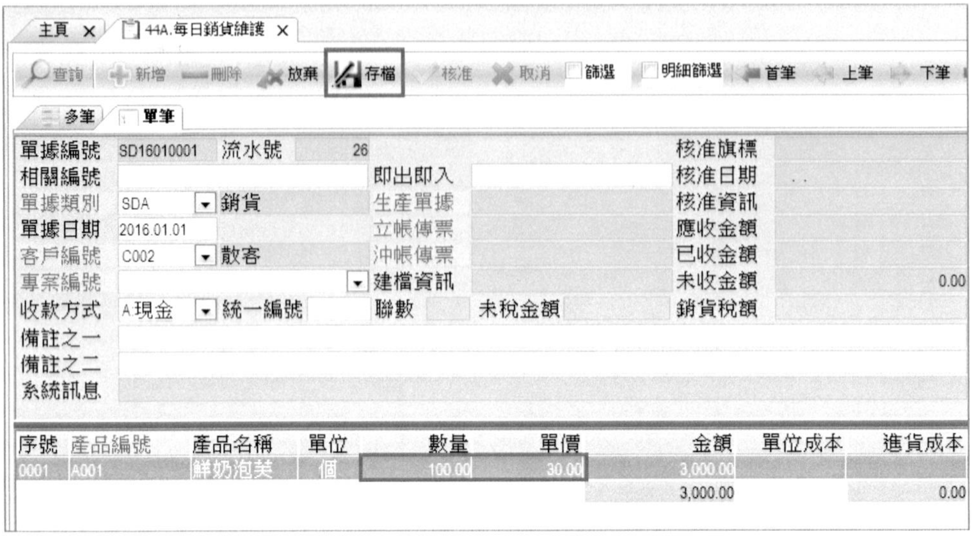

圖 4-2-5 44A. 每日銷貨維護 - 檔身設定

Step06 先「存檔」，再「核准」。

圖 4-2-6 44A. 每日銷貨維護 - 核准

Step07 「核准」完，雙擊「立帳傳票」。

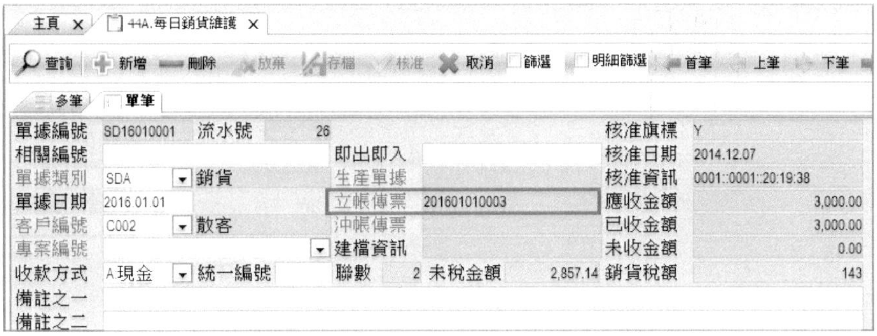

圖 4-2-7　44A. 每日銷貨維護 - 核准

Step08 連結到【25A. 每日傳票維護】單筆頁籤中，顯示本次交易明細。

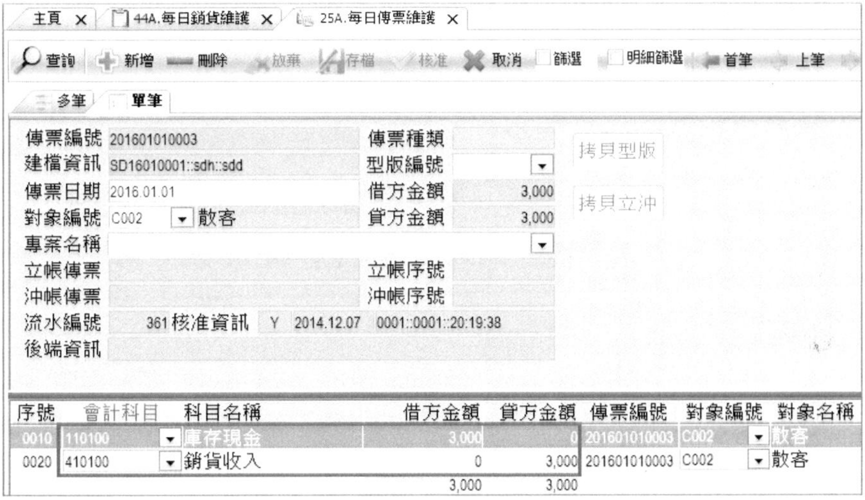

圖 4-2-8　25A. 每日傳票維護 - 交易明細

4-2-2 商品退貨流程

一間公司提供給客戶的商品，難免會因為運送過程中的碰撞，或是品檢不足等因素產生的不良品，而收到客人退貨的要求。此時，我們能透過【44C. 每日銷退維護】功能來記錄這些被退回的商品。在此功能中，我們能利用「拷貝銷貨單」更快速地完成輸入。此外，我們能透過【44A. 每日銷貨維護】功能來查詢到是哪一批貨出了問題，再輸入此銷貨單號來拷貝此次的交易，快速完成輸入需要退貨的商品，最後再更改成退貨數量及金額即可。

案例 2

2016/01/01 銷售出的 100 個「鮮奶泡芙」中，客人發現有 10 個內餡爆出，並在 2016/01/02 將瑕疵商品拿到門市退換貨。

表 4-3 2016 年 1 月 2 日退貨明細

客戶	品項	退貨數量	單價
散客	鮮奶泡芙	10	30

- 功能位置：【銷售模組】→【44C. 每日銷退維護】。
- 功能說明：選擇【44C. 每日銷退維護】，新增退貨單。
- 操作練習：辦理客戶退換貨。
- 操作步驟 (一)：查詢 2016 年 1 月 1 日「鮮奶泡芙」的銷貨單據。

Step01 在【銷貨模組】的【44A. 每日銷貨維護】，點擊「查詢」。

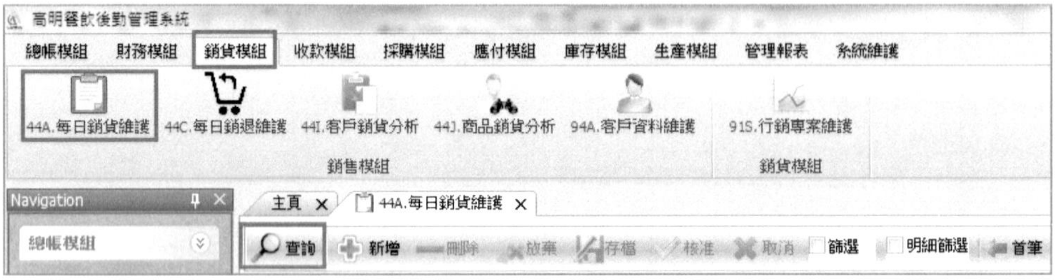

圖 4-2-9 44A. 每日銷貨維護 - 查詢

Step02 在「客戶名稱」填入「散客」；在「銷貨日期」填入「20160101」，點擊「開始擷取並傳回」。

w_retrieve 資料擷取設定作業
開始擷取並傳回 還原成系統預設 只顯示前10筆 存檔(S) 放棄(C) 只取前 筆 離開(Q)
移動到 區段1 區段2 區段3 區段4 區段5 區段6 區段7 區段8 區段9 區段10 不使用
使用 序 自序 查詢欄位 查詢條件 查詢內容
1 1 客戶編號 相似(全字相同)
2 2 客戶名稱 相似(全字相同) 散客
3 3 流水號 等於
4 4 銷貨單號 等於
5 5 銷貨日期 等於 20160101
6 6 立帳傳票 等於
7 7 沖銷傳票 等於

圖 4-2-10 44A. 每日銷貨維護 - 查詢條件

Step03 在【44A. 每日銷貨維護】的「單筆頁籤」中，記下單據編號：【SD16010001】。

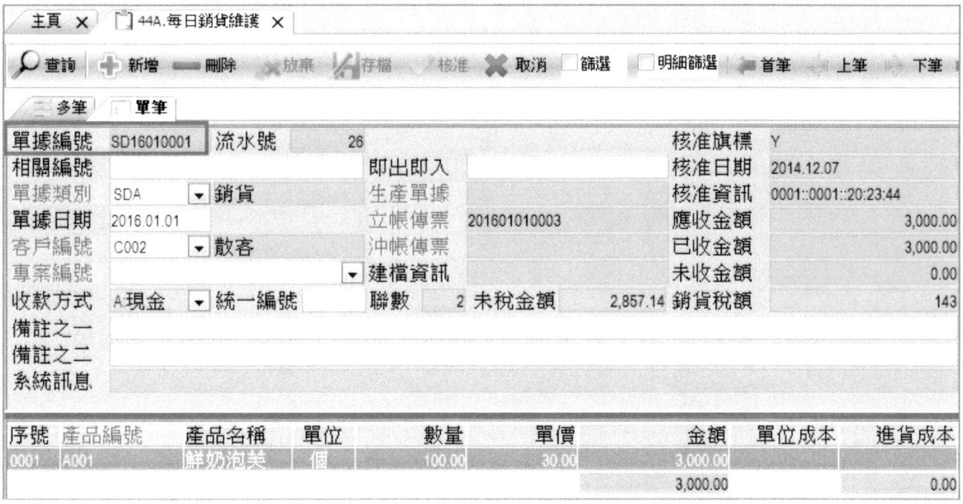

圖 4-2-11　44A. 每日銷貨維護 - 記錄單據編號

▣ 操作步驟 (二)：新增一筆退貨單。

Step01 在【銷貨模組】的【44C. 每日銷退維護】，新增一筆資料。

圖 4-2-12　44C. 每日銷退維護 - 新增

Step02 在「單據日期」填入 2016.01.02 。

在「客戶編號」的下拉選單中，選擇「散客」。在「收款方式」的下拉選單中，選擇「現金」。

在「銷貨編號」下拉選單中，選擇【SD16010001】。點擊「存檔」。

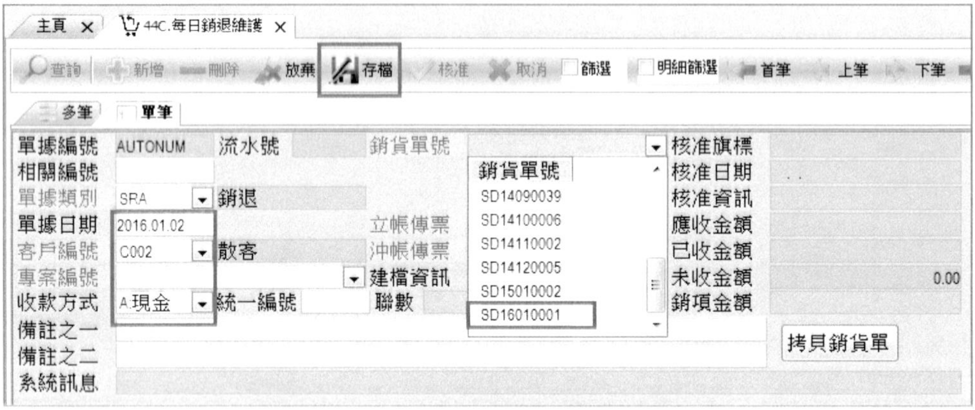

圖 4-2-13　44C. 每日銷退維護 - 檔頭設定

Step03 點擊「拷貝銷貨單」，在【檔身】會顯示本次銷貨數量。

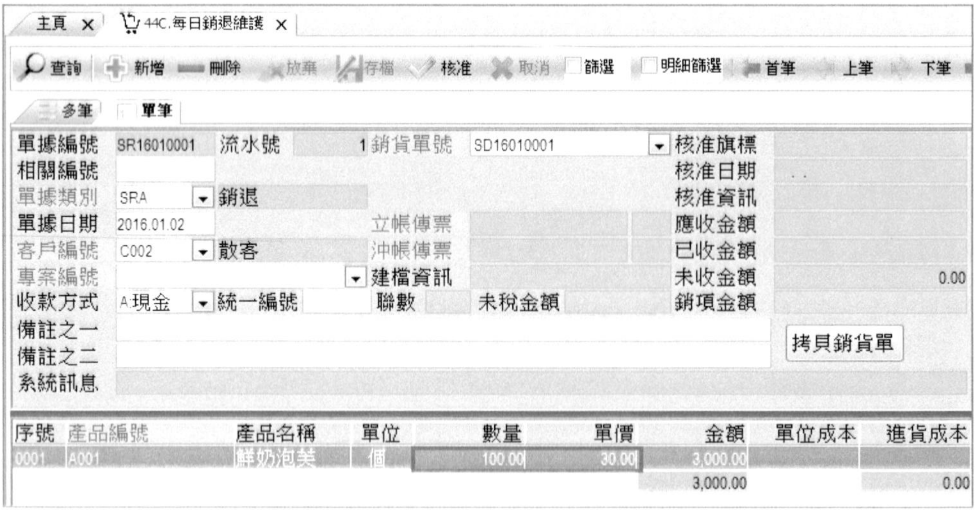

圖 4-2-14　44C. 每日銷退維護 - 拷貝銷貨單

Step04 輸入「鮮奶泡芙」退貨「數量」10 個；先「存檔」，再「核准」。

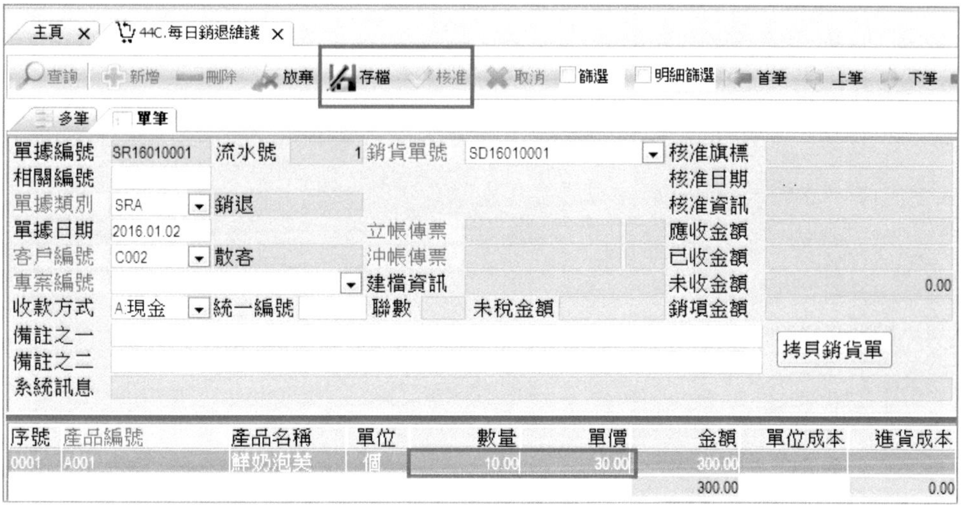

圖 4-2-15　44C. 每日銷退維護 - 輸入退貨數量

Step05 按下「核准」，產生「立帳傳票」，代表退貨單完成。

雙擊「立帳傳票」後，開啟【25A. 每日傳票維護】畫面。

圖 4-2-16　44C. 每日銷退維護 - 立帳傳票

Step06 在【25A. 每日傳票維護】畫面，顯示本次退貨明細。會計分錄為「借：商品 300；貸：庫存現金 300」。

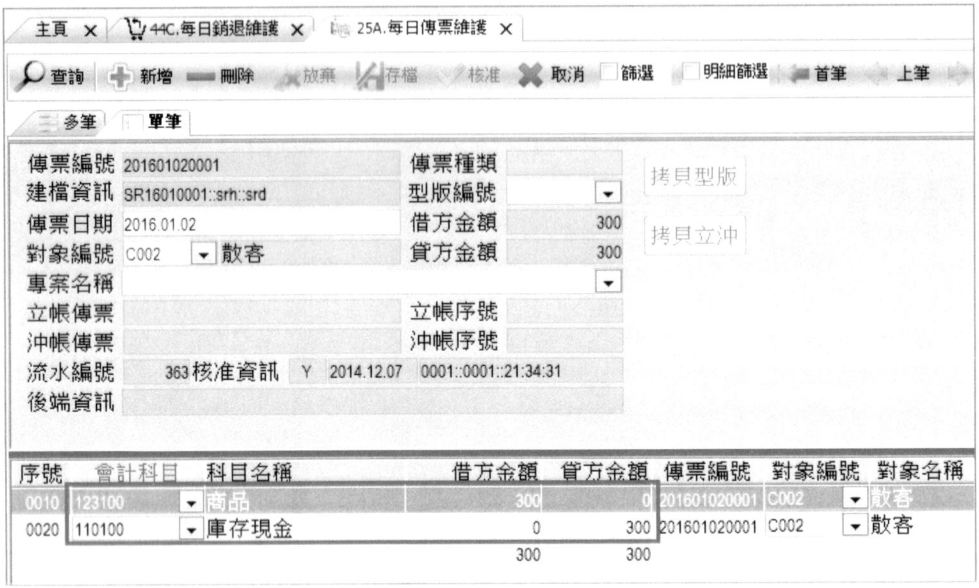

圖 4-2-17　25A. 每日傳票維護 - 單筆頁籤

▣ 操作步驟(三)：換一批新的「鮮奶泡芙」給客戶。

Step01 在【銷貨模組】中的【44A 每日銷貨維護】，新增一筆資料。

圖 4-2-18　44A. 每日傳票維護 – 新增

Step02 在「單據類別」的下拉選單中，選擇「招待」。
在「單據日期」輸入「2016.01.02」。
在「客戶編號」的下拉選單中，選擇「散客」。
在「收款方式」的下拉選單中，選擇「招待」。
最後再點擊「存檔」。

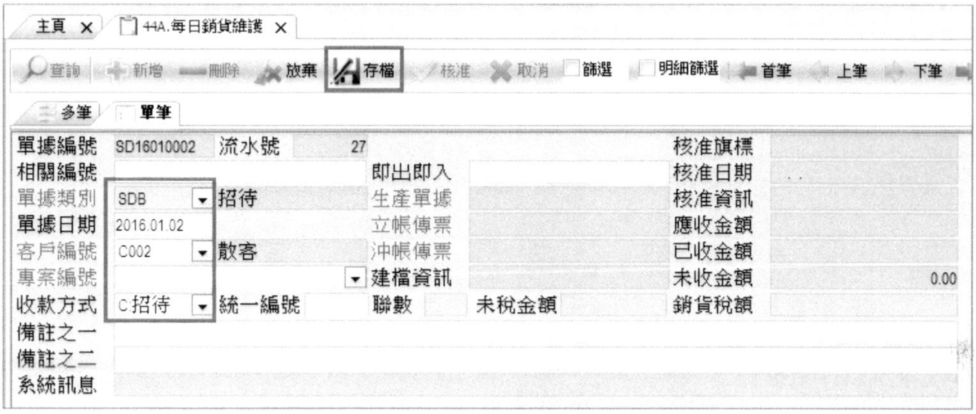

圖 4-2-19 44A. 每日銷貨維護 - 檔頭設定

Step03 滑鼠游標移至【檔身】按 1 次【Insert】，新增一筆交易明細。

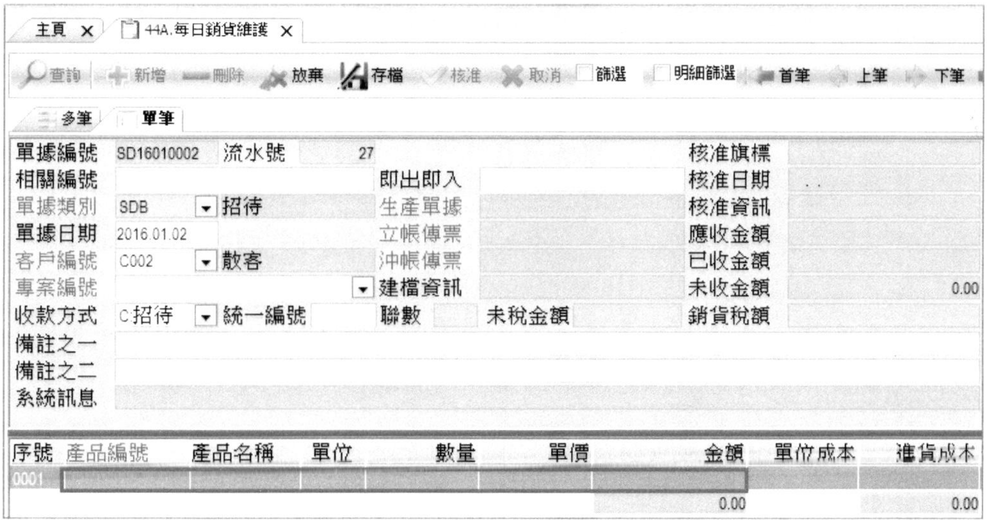

圖 4-2-20 44A. 每日銷貨維護 - 檔身設定

Step04 在「料件編號」的下拉選項中，選擇「鮮奶泡芙」。

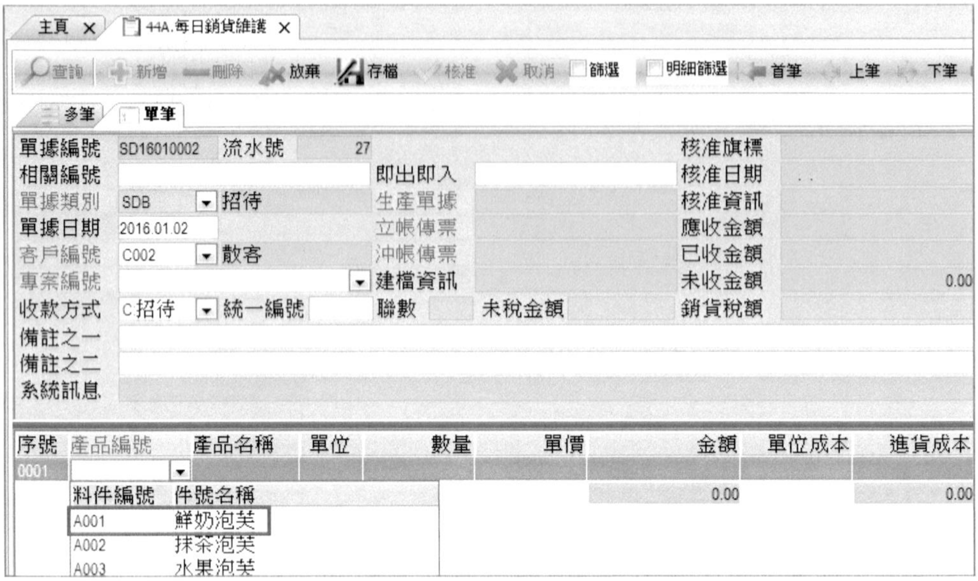
主頁
44A.每日銷貨維護
查詢
新增
刪除
放棄
存檔
核准
取消
篩選
明細篩選
首筆
上筆
下筆
多筆
單筆
單據編號
SD16010002
流水號
27
核准旗標
相關編號
即出即入
核准日期
單據類別
SDB
招待
生產單據
核准資訊
單據日期
2016.01.02
立帳傳票
應收金額
客戶編號
C002
散客
沖帳傳票
已收金額
專案編號
建檔資訊
未收金額
0.00
收款方式
C招待
統一編號
聯數
未稅金額
銷貨稅額
備註之一
備註之二
系統訊息
序號
產品編號
產品名稱
單位
數量
單價
金額
單位成本
進貨成本
0001
料件編號
件號名稱
A001
鮮奶泡芙
A002
抹茶泡芙
A003
水果泡芙
0.00
0.00

圖 4-2-21　44A. 每日銷貨維護 - 檔身設定

Step05 在「數量」填入「10」；在「單價」填入「0」。

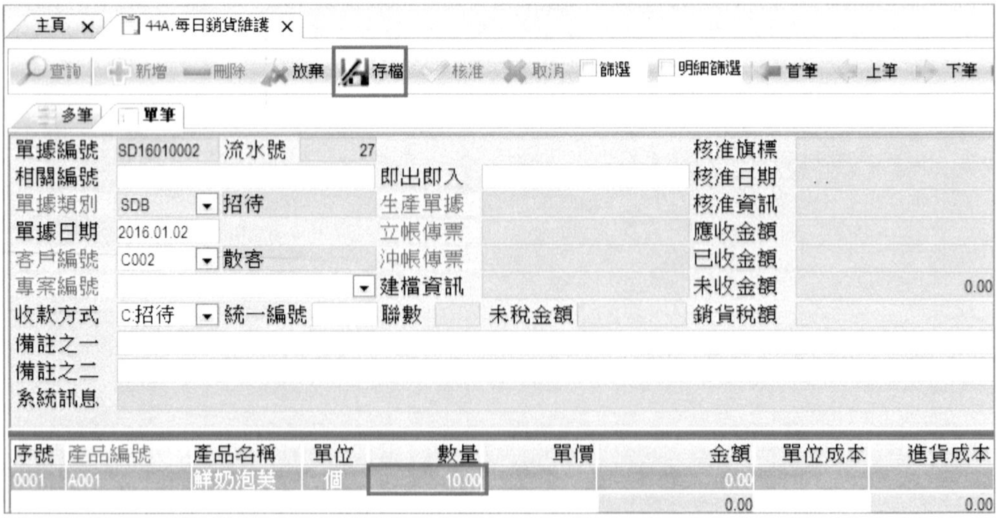

圖 4-2-22　44A. 每日銷貨維護 - 檔身設定

Step06 請先按下「存檔」，再按下「核准」，完成換貨作業。

圖 4-2-23　44A. 每日銷貨維護 - 核准

4-2-3 客戶銷貨分析

與【54I. 廠商進貨分析】查詢賒購餘額相似，【44I. 客戶銷貨分析】功能則是查詢賒銷餘額。透過【44I. 客戶銷貨分析】，我們可以得知是哪些客戶尚未付清債款以及積欠的時間。若在約定好的時間還未能收到客戶積欠的債款，便能適時地向客戶反應，維護公司權益，以維持良好的財務狀況。

案例 3

「PAPA PUFFS 泡芙專賣店」在 2016/08/03、08/06 各賒銷一批「鮮奶泡芙」給「高明資訊有限公司」，後續利用系統追蹤所有尚未結清的銷貨單，並查詢詳細資料。

- 功能位置：【銷貨模組】→【44I. 客戶銷貨分析】。
- 功能說明：選擇【44I. 客戶銷貨分析】，查詢尚未結清的每日銷貨與退回單。
- 操作練習：查詢 2016 年 8 月未結清的每日銷貨與退回單。

Step01 在【銷貨模組】中的【44I. 客戶銷貨分析】，點擊「查詢」。

圖 4-2-24　44I. 客戶銷貨分析 - 查詢

Step02 在「年」填入「2016」；在「月」填入「8」，點擊「開始擷取並傳回」。

w_retrieve 資料擷取設定作業
開始擷取並傳回 還原成系統預設 只顯示前10筆 存檔(S) 放棄(C) 只取前 筆 離開(Q)
移動到 區段1 區段2 區段3 區段4 區段5 區段6 區段7 區段8 區段9 區段10 不使用
使用 序 自序 查詢欄位 查詢條件 查詢內容
1 1 單據編號 相似(全字相同)
2 2 客戶編號 相似(全字相同)
3 3 客戶簡稱 相似(全字相同)
4 4 客戶大類 相似(全字相同)
5 5 專案名稱 相似(全字相同)
6 6 年 等於 2016
7 7 月 等於 8
8 8 日 等於
9 9 周 等於
10 10 單據類別 相似(全字相同)
11 11 核准旗標 相似(全字相同)

圖 4-2-25　44I. 客戶銷貨分析 - 查詢條件

Step03 在【44I. 客戶銷貨分析】的【多筆】頁籤，顯示 2016 年 8 月所有未結清的銷貨單據。

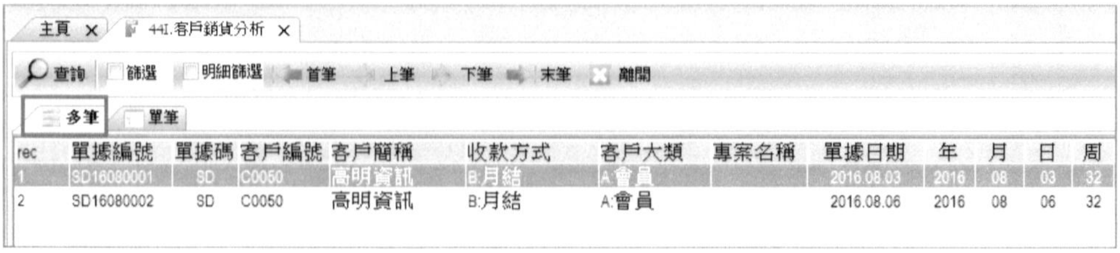

圖 4-2-26　44I. 客戶銷貨分析 - 多筆頁籤

Step04 點選【44I. 客戶銷貨分析】的【單筆】頁籤，顯示 2016 年 8 月 3 日未結清的採購明細。

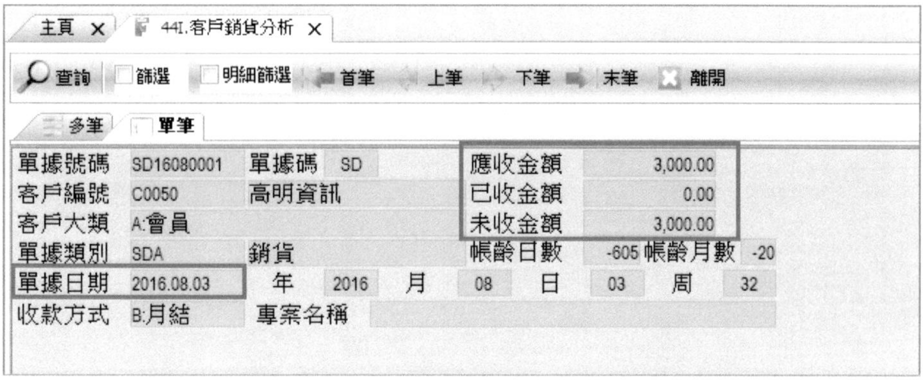

圖 4-2-27　44I. 客戶銷貨分析 - 單筆頁籤

4-2-4 商品銷貨分析

了解自家公司每項商品的銷售量，對於公司來說是件非常重要的事情，不僅能透過銷售量來得知公司的明星商品，也能看出哪些商品具有潛力，甚至能找出較不受歡迎的商品，再透過減少進貨量的方式來降低成本。透過【44J. 商品銷貨分析】功能，我們可以查詢到一段期間內各項商品的每筆銷售交易，進而透過交叉分析來得知各項商品更詳細的銷量資訊，以利日後進貨、行銷的規劃。

案例 4

泡芙不同口味的進貨量會依照銷售量的多寡決定，Chris 為了解何種口味的泡芙銷售量最佳，因此使用「商品銷貨分析」，搭配快捷鍵 Ctrl+T 調閱出交叉分析表，從中可以看出銷售量最佳的泡芙口味，並統計 2014 年度銷售情況的情況。

- 功能位置：【銷貨模組】→【44J. 商品銷貨分析】。
- 功能說明：選擇【44J. 商品銷貨分析】，對於客戶簡稱、應收金額等維度作篩選。
- 操作練習：查詢 2014 年 1 月 ~2014 年 12 月期間內，銷售對象為「散客」的全部銷售單。

Step01 在【銷貨模組】中的【44J. 商品銷貨分析】點擊「查詢」。

圖 4-2-28　44J. 商品銷貨分析 - 查詢

Step02 在「客戶簡稱」欄位輸入「散客」；在「年」的輸入「2014」。

在「月」的查詢條件，選擇「小於等於」。

在「月」的查詢內容，輸入「12」。

先「存檔」，點擊「開始擷取並傳回」，進行查詢作業。

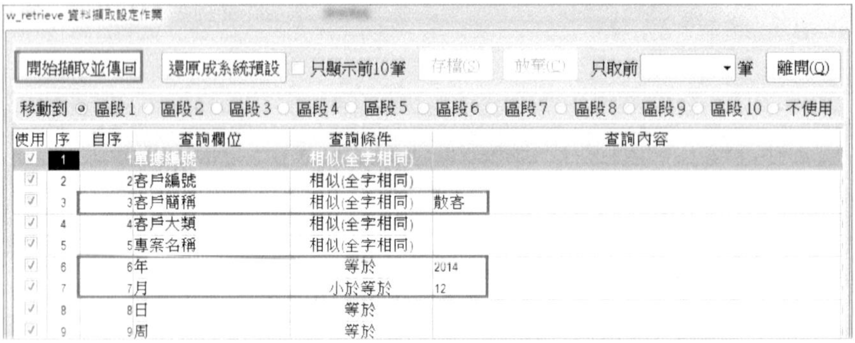

使用	序	自序	查詢欄位	查詢條件	查詢內容
✓	1	1	單據編號	相似(全字相同)	
✓	2	2	客戶編號	相似(全字相同)	
✓	3	3	客戶簡稱	相似(全字相同)	散客
✓	4	4	客戶大類	相似(全字相同)	
✓	5	5	專案名稱	相似(全字相同)	
✓	6	6	年	等於	2014
✓	7	7	月	小於等於	12
✓	8	8	日	等於	
✓	9	9	周	等於	

圖 4-2-29　44J. 商品銷貨分析 - 查詢條件

Step03 進入【44J. 商品銷貨分析】畫面，將滑鼠移至檔身按下鍵盤【Ctrl+T】。

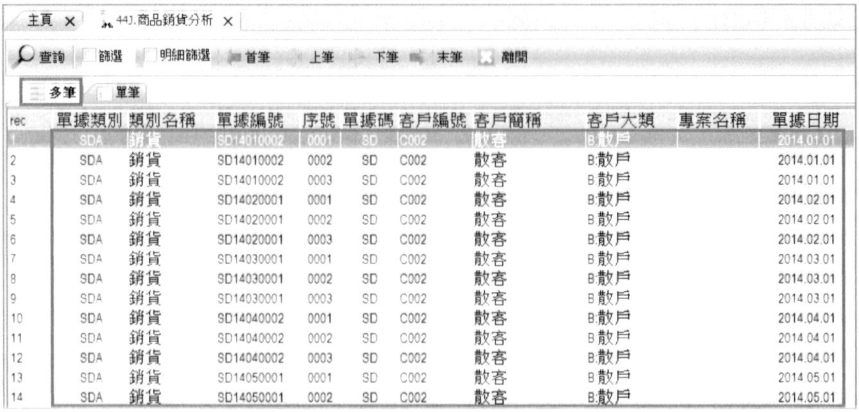

rec	單據類別	類別名稱	單據編號	序號	單據碼	客戶編號	客戶簡稱	客戶大類	專案名稱	單據日期
1	SDA	銷貨	SD14010002	0001	SD	C002	散客	B:散戶		2014.01.01
2	SDA	銷貨	SD14010002	0002	SD	C002	散客	B:散戶		2014.01.01
3	SDA	銷貨	SD14010002	0003	SD	C002	散客	B:散戶		2014.01.01
4	SDA	銷貨	SD14020001	0001	SD	C002	散客	B:散戶		2014.02.01
5	SDA	銷貨	SD14020001	0002	SD	C002	散客	B:散戶		2014.02.01
6	SDA	銷貨	SD14020001	0003	SD	C002	散客	B:散戶		2014.02.01
7	SDA	銷貨	SD14030001	0001	SD	C002	散客	B:散戶		2014.03.01
8	SDA	銷貨	SD14030001	0002	SD	C002	散客	B:散戶		2014.03.01
9	SDA	銷貨	SD14030001	0003	SD	C002	散客	B:散戶		2014.03.01
10	SDA	銷貨	SD14040002	0001	SD	C002	散客	B:散戶		2014.04.01
11	SDA	銷貨	SD14040002	0002	SD	C002	散客	B:散戶		2014.04.01
12	SDA	銷貨	SD14040002	0003	SD	C002	散客	B:散戶		2014.04.01
13	SDA	銷貨	SD14050001	0001	SD	C002	散客	B:散戶		2014.05.01
14	SDA	銷貨	SD14050001	0002	SD	C002	散客	B:散戶		2014.05.01

圖 4-2-30　54J. 材料進貨分析

Step04 在「原始數據」的頁籤下，可以看見 2014 年 1 月 ~12 月的銷貨單據；再點擊【交叉分析】頁籤，執行進一步的分析。

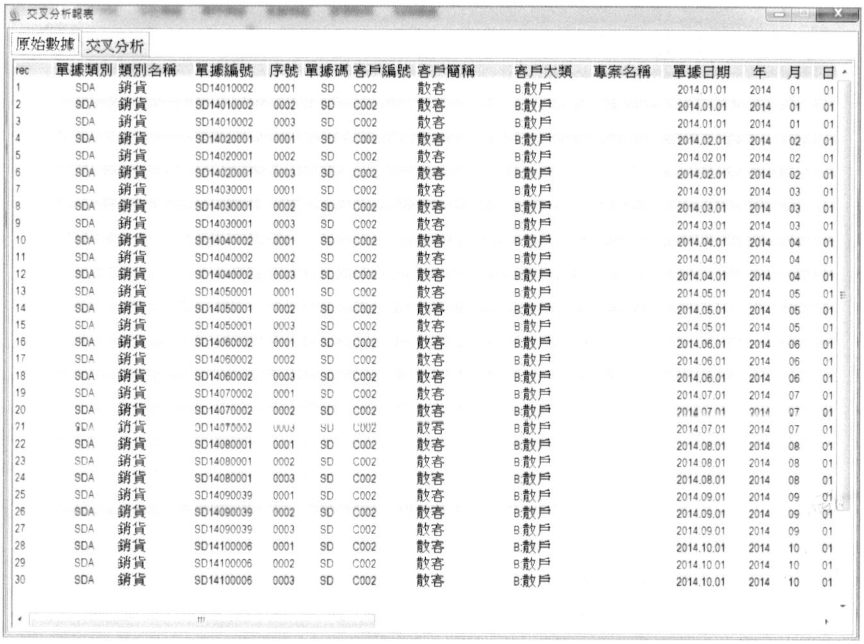

rec	單據類別	類別名稱	單據編號	序號	單據碼	客戶編號	客戶簡稱	客戶大類	專案名稱	單據日期	年	月	日
1	SDA	銷貨	SD14010002	0001	SD	C002	散客	B:散戶		2014.01.01	2014	01	01
2	SDA	銷貨	SD14010002	0002	SD	C002	散客	B:散戶		2014.01.01	2014	01	01
3	SDA	銷貨	SD14010002	0003	SD	C002	散客	B:散戶		2014.01.01	2014	01	01
4	SDA	銷貨	SD14020001	0001	SD	C002	散客	B:散戶		2014.02.01	2014	02	01
5	SDA	銷貨	SD14020001	0002	SD	C002	散客	B:散戶		2014.02.01	2014	02	01
6	SDA	銷貨	SD14020001	0003	SD	C002	散客	B:散戶		2014.02.01	2014	02	01
7	SDA	銷貨	SD14030001	0001	SD	C002	散客	B:散戶		2014.03.01	2014	03	01
8	SDA	銷貨	SD14030001	0002	SD	C002	散客	B:散戶		2014.03.01	2014	03	01
9	SDA	銷貨	SD14030001	0003	SD	C002	散客	B:散戶		2014.03.01	2014	03	01
10	SDA	銷貨	SD14040002	0001	SD	C002	散客	B:散戶		2014.04.01	2014	04	01
11	SDA	銷貨	SD14040002	0002	SD	C002	散客	B:散戶		2014.04.01	2014	04	01
12	SDA	銷貨	SD14040002	0003	SD	C002	散客	B:散戶		2014.04.01	2014	04	01
13	SDA	銷貨	SD14050001	0001	SD	C002	散客	B:散戶		2014.05.01	2014	05	01
14	SDA	銷貨	SD14050001	0002	SD	C002	散客	B:散戶		2014.05.01	2014	05	01
15	SDA	銷貨	SD14050001	0003	SD	C002	散客	B:散戶		2014.05.01	2014	05	01
16	SDA	銷貨	SD14060002	0001	SD	C002	散客	B:散戶		2014.06.01	2014	06	01
17	SDA	銷貨	SD14060002	0002	SD	C002	散客	B:散戶		2014.06.01	2014	06	01
18	SDA	銷貨	SD14060002	0003	SD	C002	散客	B:散戶		2014.06.01	2014	06	01
19	SDA	銷貨	SD14070002	0001	SD	C002	散客	B:散戶		2014.07.01	2014	07	01
20	SDA	銷貨	SD14070002	0002	SD	C002	散客	B:散戶		2014.07.01	2014	07	01
21	SDA	銷貨	SD14070002	0003	SD	C002	散客	B:散戶		2014.07.01	2014	07	01
22	SDA	銷貨	SD14080001	0001	SD	C002	散客	B:散戶		2014.08.01	2014	08	01
23	SDA	銷貨	SD14080001	0002	SD	C002	散客	B:散戶		2014.08.01	2014	08	01
24	SDA	銷貨	SD14080001	0003	SD	C002	散客	B:散戶		2014.08.01	2014	08	01
25	SDA	銷貨	SD14090039	0001	SD	C002	散客	B:散戶		2014.09.01	2014	09	01
26	SDA	銷貨	SD14090039	0002	SD	C002	散客	B:散戶		2014.09.01	2014	09	01
27	SDA	銷貨	SD14090039	0003	SD	C002	散客	B:散戶		2014.09.01	2014	09	01
28	SDA	銷貨	SD14100006	0001	SD	C002	散客	B:散戶		2014.10.01	2014	10	01
29	SDA	銷貨	SD14100006	0002	SD	C002	散客	B:散戶		2014.10.01	2014	10	01
30	SDA	銷貨	SD14100006	0003	SD	C002	散客	B:散戶		2014.10.01	2014	10	01

圖 4-2-31　44J. 商品銷貨分析 - 原始數據

Step05 進入「交叉分析」的頁籤。

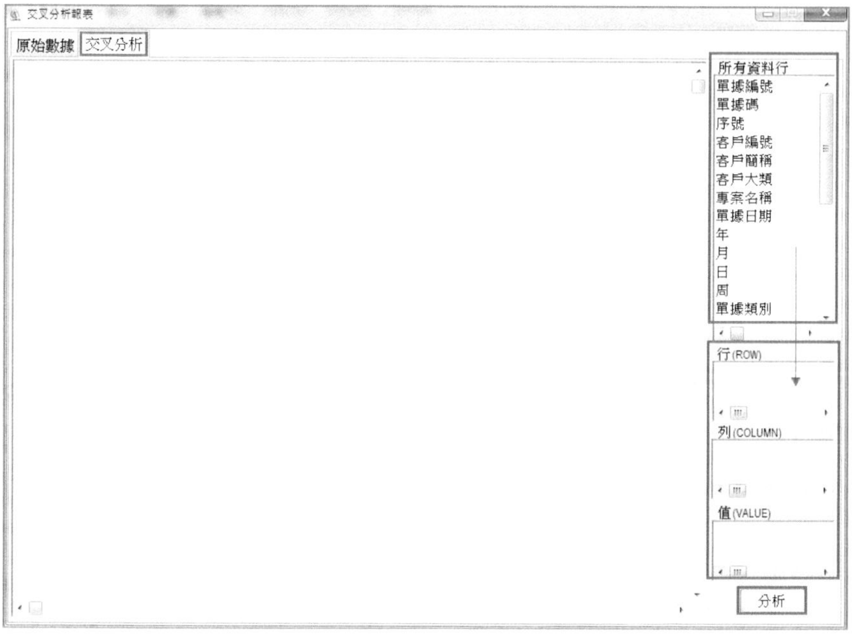

圖 4-2-32　44J. 商品銷貨分析 - 交叉分析

Step06 觀察 2014 年每個月整體的銷售情況。

將滑鼠移至「所有資料行」的欄位。

把「產品名稱」欄位拖曳至「行」。

把「月」欄位拖曳至「列」。

把「應收金額」欄位拖曳至「值」。

點擊「分析」的按鈕，進行「交叉分析」。

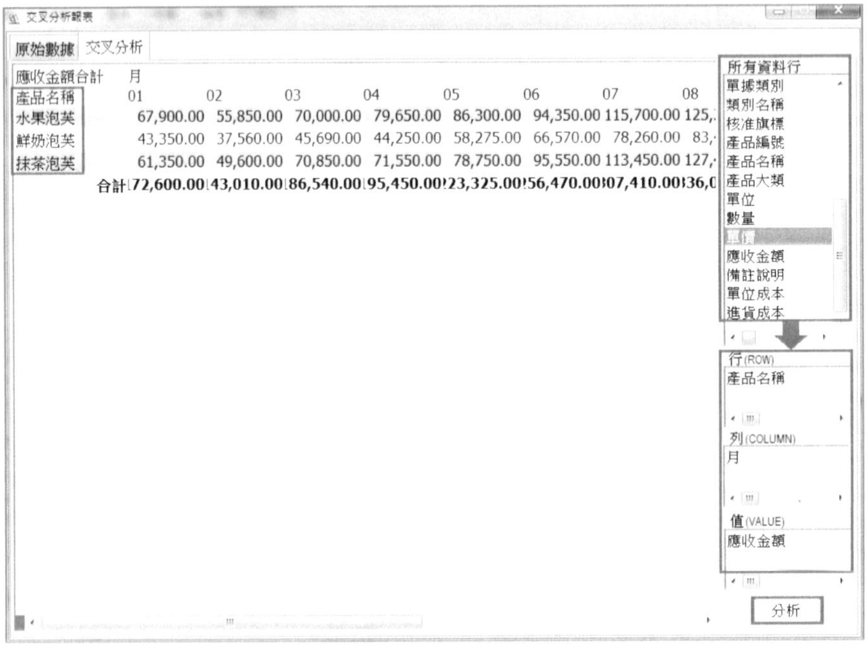

圖 4-2-33　44J. 商品銷貨分析 - 交叉分析

4-2-5 行銷專案維護

行銷活動是幾乎每家公司都一定會使用的宣傳方式，在活動期間通常會配合打折來吸引消費者上門，那麼營業收入一定會和平常計價有所出入，此時我們可以利用【91S. 行銷專案維護】來建立一個行銷專案，專門統計出在活動期間的損益，讓公司管理者可以很清楚知道每次行銷專案的成果。

案例 5

「叮叮噹 ~ 叮叮噹 ~ 鈴聲多響亮 ~」聖誕節的氣氛越來越濃厚，許多蛋糕店陸續推出聖誕節蛋糕，「PAPA PUFFS 泡芙專賣店」也不美於前，特別推出了「季節限定」聖誕泡芙，從 2016.12.01-12.31 為期一個月的限定販售。12/01 有位客人購買了 100 個「聖誕泡芙 ($50/ 個)」並以現金支付。「季節限定」聖誕泡芙專案活動結束後，利用「91S. 行銷專案維護」查詢聖誕泡芙在專案期間的銷售狀況。

- 功能位置：【銷貨模組】→【91S. 行銷專案維護】。
- 功能說明：選擇【91S. 行銷專案維護】，新增一筆行銷專案。
- 操作練習：針對「季節限定」新增一筆行銷專案，並查詢交易明細。
- 操作步驟 (一)：新增一筆「季節限定」的行銷專案。

Step01 在【銷貨模組】中的【91S. 行銷專案維護】，新增一筆資料。

圖 4-2-34　91S. 行銷專案維護 - 新增

Step02 在「專案名稱」填入「季節限定」。
在「起始日期」填入「2016.12.01」。
在「終止日期」填入「2016.12.31」。
點擊「存檔」。專案名稱的內容，請勿輸入單引號或雙引號等特殊符號。

圖 4-2-35　91S. 行銷專案維護 - 檔頭設定

Step03 點擊「核准」，完成行銷專案新增。

圖 4-2-36　91S. 行銷專案維護 - 核准

▣ 操作步驟 (二)：新增一筆 2016 年 12 月的銷貨單。

Step01 在【銷貨模組】裡面的【44A. 每日銷貨維護】，新增一筆資料。

圖 4-2-37　44A. 每日銷貨維護 - 新增

Step02 在入「單據日期」填入「2016.12.01」。

在「客戶編號」的下拉選單中，選擇「散客」。

在「專案編號」的下拉選單中，選擇「季節限定」。在「收款方式」的下拉選單中，選擇「現金」。

再按「存檔」。

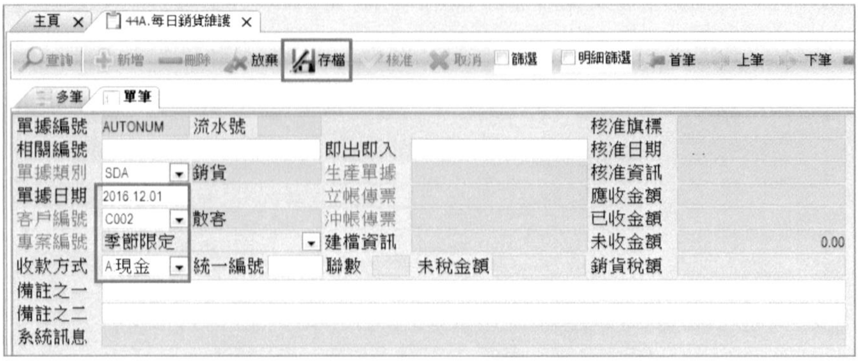

圖 4-2-38　44A. 每日銷貨維護 - 檔頭設定

Step03 在「料件編號」的下拉選項中，選擇「聖誕泡芙」。

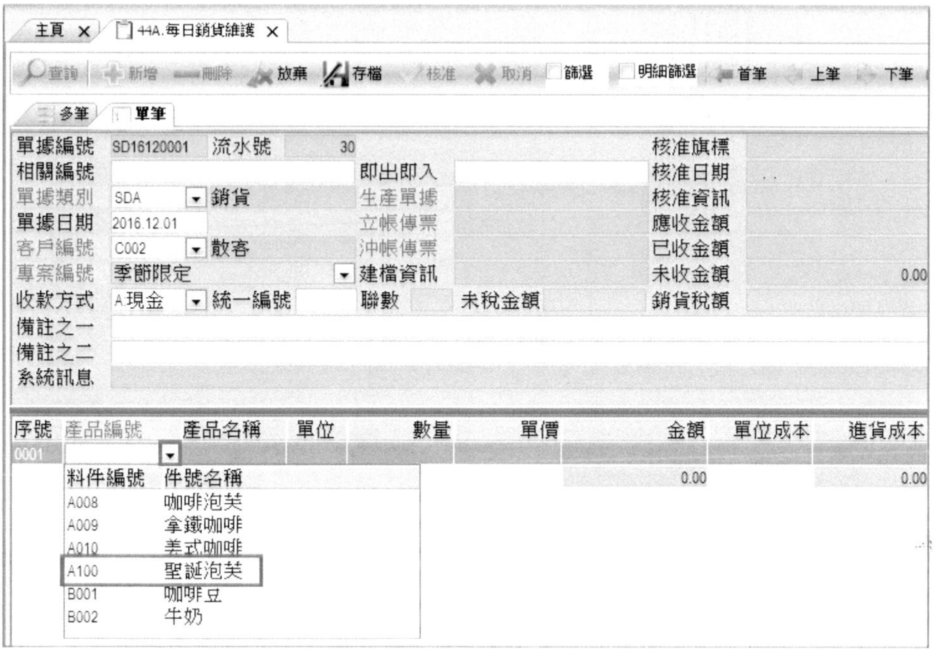

圖 4-2-39　44A. 每日銷貨維護 - 檔身設定

Step04 在「數量」填入「100」；在「單價」填入「50」。

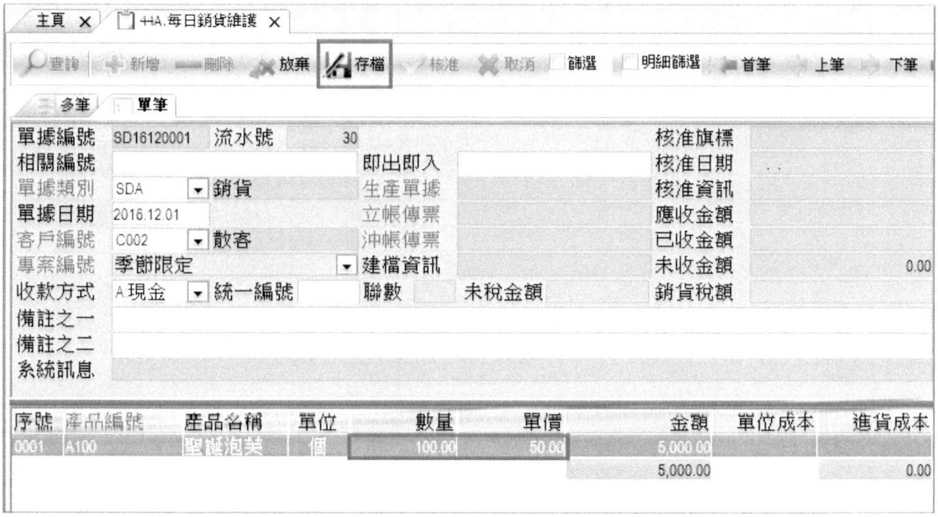

圖 4-2-40　44A. 每日銷貨維護 - 檔身設定

Step05 先「存檔」，再「核准」。

圖 4-2-41　44A. 每日銷貨維護 - 核准

▣ 操作步驟 (三)：查詢「季節限定」行銷專案的交易明細。

Step01 在【銷貨模組】中的【91S. 行銷專案維護】，點擊「查詢」。

圖 4-2-42　91S. 行銷專案維護 - 查詢

Step02 在「專案名稱」填入「季節限定」，點擊「開始擷取並傳回」。

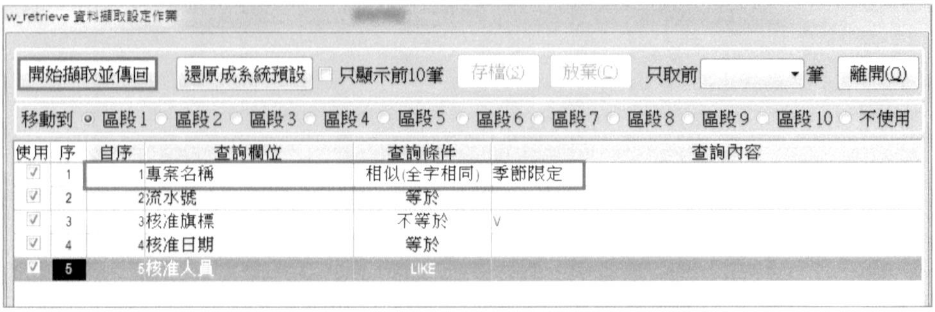

圖 4-2-43　91S. 行銷專案維護 - 查詢條件

Step03 進入「季節限定」的「行銷專案」中，點擊「統計」。

【檔頭】顯示「收入金額 5,000」、「損益 5,000」。

圖 4-2-44　91S. 行銷專案維護 - 檔頭

Step04 在【檔身】會顯示 2016 年 12 月份關於「季節限定」的全部銷貨資料。

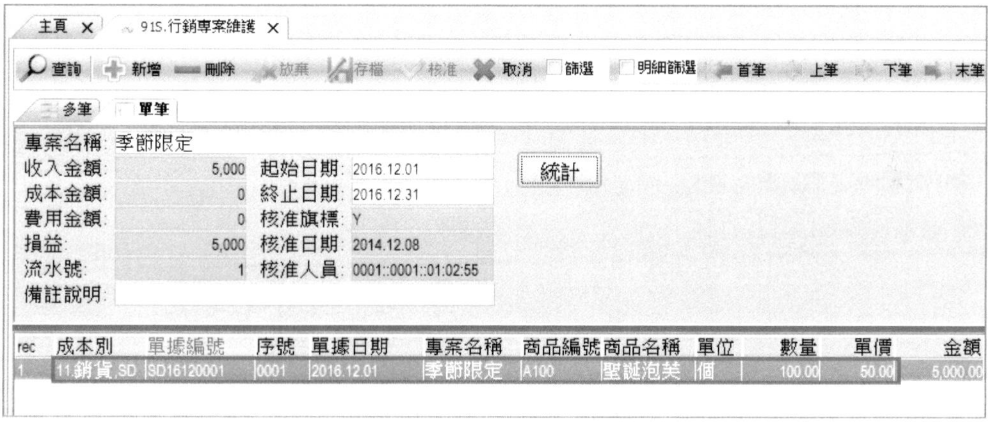

圖 4-2-45　91S. 行銷專案維護 - 檔身

4-3 隨堂練習

1.(　　) 單據作業中列為招待說明時對庫存：

(A)有影響　　(B)無影響

(C)依金額而定　(D)依數量而定

2.(　　) 有關 44A.每日銷售維護功能選項可以執行那些單據作業性質？(1)銷貨 (2)招待 (3)銷退 (4)銷折。

(A) 13　(B) 24　(C) 12　(D) 34

3.(　　) 有關 44C.每日銷退維護功能選項可以執行那些單據作業性質？(1)銷貨 (2)招待 (3)銷退 (4)銷折。

(A) 13　(B) 24　(C) 12　(D) 34

4.(　　) 可用來建立行銷專案，亦可瀏覽該行銷專案傳票狀況之功能選項為？

(A)44A. 每日銷貨維護

(B)44C. 每日銷退維護

(C)94A. 客戶資料維護

(D)91S. 行銷專案維護

5.(　　) 可用來登錄每日銷貨退回之功能選項為？

(A)44A. 每日銷貨維護

(B)44C. 每日銷退維護

(C)94A. 客戶資料維護

(D)91S. 行銷專案維護

6.(　　)　欲新增一筆已銷貨商品的退回作業可在那些功能選項中執行？

(A)44C.每日銷退維護

(B)91F.銀行帳戶維護

(C)93A.員工資料維護

(D)以上皆是

7.(　　)　可用來建立客戶資料之功能選項為？

(A)44A.每日銷貨維護

(B)44C.每日銷退維護

(C)94A.客戶資料維護

(D)91S.行銷專案維護

8.(　　)　欲新增一筆銷貨單可在那些功能選項中執行？

(A)44A.每日銷貨維護

(B)91F.銀行帳戶維護

(C)93A.員工資料維護

(D)以上皆是

9.(　　)　Chris 店長想瞭解「PAPA PUFFS 泡芙專賣店」販售的各類泡芙，哪一種口味的銷售狀況最佳。請問 Chris 店長可以透過「高明ERP 資訊管理系統」的哪一種功能進行銷售狀況的查詢？

(A) 44C.每日銷退分析

(B) 44I.顧客銷貨分析

(C) 54J.材料進貨分析

(D) 44J.商品銷售分析

10.(　　) Chris 店長想在聖誕節的檔期(12/20~12/25)，低價促銷 1000 個聖誕泡芙。請問 Chris 店長可以透過「高明ERP資訊管理系統」的哪一種功能查詢聖誕泡芙在專案期間的銷售狀況？

(A) 44C.每日銷退分析

(B) 91S.行銷專案維護

(C) 44I.顧客銷貨分析

(D) 44J.商品銷售分析

CHAPTER

05

庫存管理流程

5-1 流程說明

經採購、銷售作業流程，接著是庫存的管理，透過庫存管理流程，幫助業者即時掌握庫存量，並透過適量訂貨避免過度的屯積或是缺貨，能夠減少庫存空間占用，降低庫存費用，亦能加速資金周轉。

在討論庫存管理之前，我們先來討論什麼是「進耗存」? 什麼是「關帳」?「進耗存」代表的是進貨、耗材生產後銷售、期末存貨，過程中含有製造，所以屬於製造業；「進銷存」代表的是進貨、銷貨、期末存貨，過程中不含製造，只是單純的買進與賣出，所以屬於買賣業。

「關帳」: 餐廳到了月底或年底會統計一個月或一年以來的財務狀況，在第三章提到的「分錄記帳」、「分錄過帳至分類帳」就是在幫忙記錄一段期間以來的財務狀況，但最後月底或年底結算時，我們不允許再有分錄入帳，這個動作就稱為「關帳」。在關帳時財務人員要特別小心，因為一旦設定關帳，就無法再有任何帳款入帳。就算有遺漏的單據未輸入，也不能再做更改的動作，不然就會失去關帳的意義了。若關帳後還能更改，那帳目上金額的可信度就會使人產生疑慮。

然而，本系統為了因應中小型餐飲業可能無法如同製造業，能夠做到每月關帳程序，所以在系統設定上，使用者不僅能隨時調整先前傳票，也能重新逐月關帳，並且可以即時產出資產負債表，讓管理人隨時掌握餐廳經營狀況，以更符合餐飲業者的需求。

接下來談到本系統因應餐飲業的業態而設計的商品與材料「月加權平均」: 在餐飲業進貨時，可能會因為季節、天災、節日等等的影響，導致每次進貨的價格會有所不同。所以為了方便餐廳管理者能夠很快速掌握進貨食材成本，我們將每月進貨價格做了加權平均，稱作月加權平均。月加權平均計算出來的價格是將進貨的總額平均攤銷在每次進貨上。公式如下:

當月進貨總額 / 當月總進數量

例如 PAPA PUFFS 泡芙專賣店 2019 年 6 月進了 3 次果水泡芙，價格及數量分別如下：

日期	2019/06/01	2019/06/19	2019/06/23
數量	13	20	15
價格	30	27	33

計算公式如下：

當月進貨總額：

13×30 + 20×27 + 15×33 = 390 + 540 + 495 = 1425

總進貨數量：13 + 20 + 15 = 48

月加權平均價格 = 1425 / 48 = 29.68 元

再來我們討論到的是「調增」、「調減」：簡單來說就是調增、調減庫存的期末金額以調整庫存的月加權平均單價。在以下三種情形下我們需要做到調增、調減的動作。

一、上個月入帳金額錯誤但隔月才發現，期末金額調增或調減

上述關帳的觀念中提到，關帳後的會計紀錄都不能再更動，所以我們無法透過調整上個月的帳來修正錯誤。這時候我們就可以利用調增或調減期末金額來修正上個月的入帳錯誤。若上個月入帳金額小於正確金額，調增期末金額，若上個月入帳金額大於正確金額，則調減期末金額。

二、庫存價格低於市價時，期末金額調減

例如：PAPA PUFFS 泡芙專賣店 2019 年 4 月 23 日進貨 50 個冷凍奶油泡芙，保存期限為 10 天，預計 4 月 30 日可以全數賣出，但是到了 4 月 30 日當天卻還有 10 個庫存，PAPA PUFFS 泡芙專賣店決定 5 月 1 日時將剩下的 10 個泡芙視為即期商品來販售，以 5 折的優惠來吸引消費者購買。所以在 4 月 30 日我們必須調減期末金額來調整剩下 10 個冷凍奶油泡芙的庫存價值。但是有個需要注意的地方是當庫存價格高於市價時，我們並不會去調增期末金額，原因是在會計的原則裡我們並不會去認列尚未實現的好處，而是等到真的有交易產生才會去認列。然而，有損失產生時，即使尚未實現也會認列。

三、當庫存數量為零時，但庫存金額卻不為零，為正做調減，為負做調增

因為本系統採月加權平均來計算庫存的單價，所以計算出來的單價大部分會含有小數點。但是實際在交易的時候不會含有小數點，所以當庫存數量為零的時，有可能會有庫存金額不為零的狀況產生。這時候我們透過期末金額的調增或調減來修正庫存金額不為零的情形。

例如：PAPA PUFFS 泡芙專賣店的水果泡芙當月進貨兩次，分別數量是 10 個，1 個 20 元、11 個，1 個 23 元，所以當月加權平均單價為 (10*20+11*23)/21 = 21.57 元。當月 PAPA PUFFS 將 21 個水果泡芙全部售出，當時實際買進的價格總共是 (10*20+11*23) = 453 元。但是使用月加權平均的成本價格卻是 (21*21.57) = 452.87 元。所以當庫存數量為零時，庫存金額為 (452.87 - 453) = - 0.13 元。實際付出 453 元買進，但月加權平均計算出只使用 452.87 元買進。所以少算的 0.13 元用期末金額調增的方式來修正，使庫存金額為零。

最後，我們談談「盤盈」、「盤虧」：年底或月底實際盤點數量如果較帳上記錄的多，則需將多的數量計入盤盈，反之，實際盤點數量如果較帳上記錄的少，則需將少的數量計入盤虧。

在【85B. 進耗存別關帳】按下「統計」時，會執行下列各項單據的進出狀況。

表 5-1　各項單據

00：期初	
01：進貨 .PUA(54A)	11：銷貨 .SDA(44A)
02：進退 .PRA(54C)	12：銷退 .SRA(44C)
03：進折 .PRB(54C)	13：銷折 .SRB(44C)
05：調增 .MIA(62E)	15：調減 .MOA(62G)
07：盤盈 .MIB(62E)	17：盤虧 .MOB(62G)

1. 計算「商品」與「材料」的月加權平均成本

   參與加權的項目：期初、進貨、進退、進折、調增、生產、調減

   「月加權平均單價」的計算公式 = 各項單據金額 / 各項單據數量

   製造業加權平均單價：

$$\frac{\text{期初金額} + \text{進貨金額} - \text{進貨退回} - \text{進貨折讓} + \text{盤點調增} - \text{盤點調減} + \text{生產金額}}{\text{期初數量} + \text{進貨數量} - \text{進退數量} + \text{生產數量}}$$

   買賣業加權平均單價：

$$\frac{\text{期初金額} + \text{進貨金額} - \text{進貨退回} - \text{進貨折讓} + \text{盤點調增} - \text{盤點調減}}{\text{期初數量} + \text{進貨數量} - \text{進退數量}}$$

2. 將當月「單位成本」乘上「銷貨、銷退、銷折、招待、退料、領料、盤盈、盤虧」的數量，就能得到這些單據在當月的成本金額。

表 5-2　庫存模組

功能選項	功能應用
62E.盤點調增維護	建立材料商品的調增或盤盈狀況。
62G.盤點調減維護	建立材料商品的調減或盤虧狀況。
67J.單據異動分析	瀏覽與分析材料商品的八大單據：銷貨，銷退，進貨，進退，領料，入庫，調增，調減等的異動狀況。
85B.進耗存別關帳	進行每月的進耗存結算，並利用加權平均計算出每個料號的單位成本，進而彙總出庫存金額。
85V.商品進耗分析	將「85B. 進耗存別關帳」的結算資料，依商品類別彙總。
96D.材料商品維護	建立材料商品資料，亦可瀏覽該料號所有的八大單據：銷貨，銷退，進貨，進退，領料，入庫，調增，調減等的異動狀況。

庫存管理流程圖

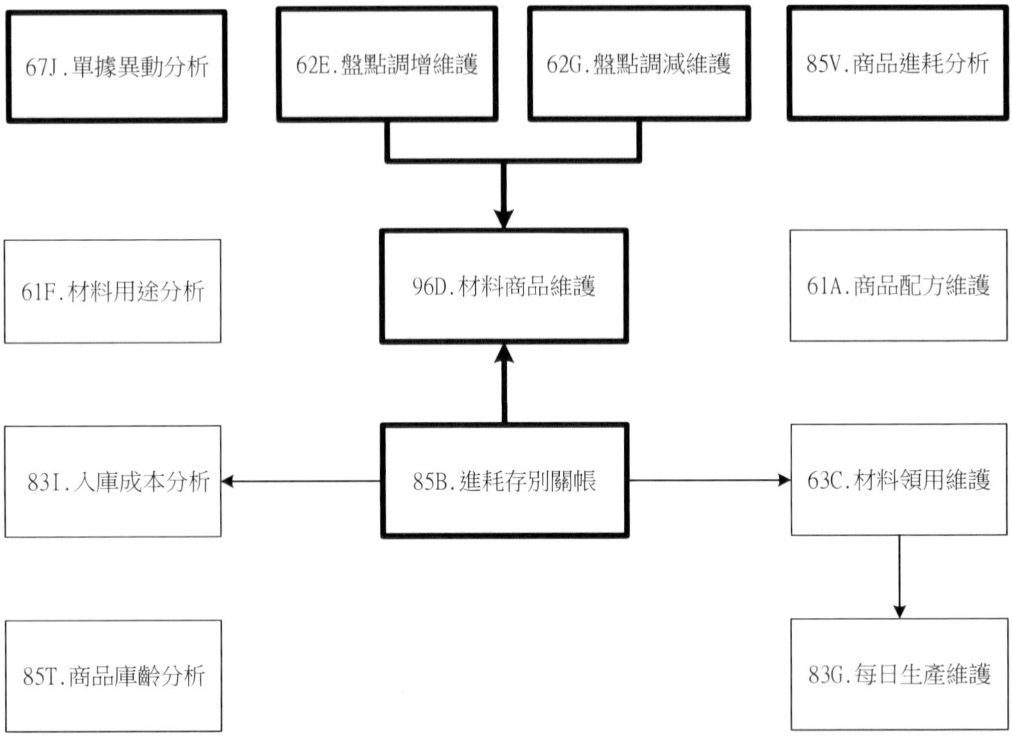

5-2 操作練習

5-2-1 進耗存別關帳

經營一間餐廳，廚房的倉庫、冰箱總是有各式各樣的食材，等著被烹調成美味的料理，而這些食材既是一間餐廳的庫存，也是製作餐點最重要的原料。因此，做好庫存管理不僅能有穩定的食材供應，也能控制食材的成本，讓餐廳營運成本降低，獲得更好的利潤。相反地，若沒有做好庫存管理，不但無法控制食材供應，也不能有效控制食材成本，使餐廳營運成本上升，獲利下降。在【85B. 進耗存別關帳】功能中，可以對每項產品進行每月的進耗存結算，計算出各項產品的庫存、成本情況，讓管理人更能掌握每月的情況，對庫存做更好的管理。

案例 1

Chris 為了瞭解「2014/01」各項產品的進貨與銷貨狀況，掌握庫存數量和銷售成本，使用【85B. 進耗存別關帳】，了解每項產品的庫存、成本情況。

- 功能位置：【庫存模組】→【85B. 進耗存別關帳】。
- 功能說明：查詢某一月份的庫存、成本情況。
- 操作練習：查詢「2014 年 1 月」的庫存、成本情況。

Step01 在【庫存模組】中的【85B. 進耗存別關帳】，新增一筆資料。

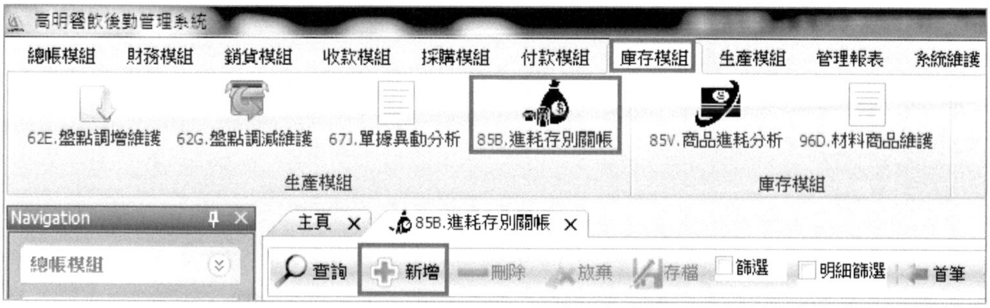

圖 5-2-1　85B. 進耗存別關帳 - 新增

Step02 在「單據日期 >=」填入「2014/01」，先「存檔」，再按「統計」。如此筆資料已存在，請使用「查詢」後再繼續下一步驟。

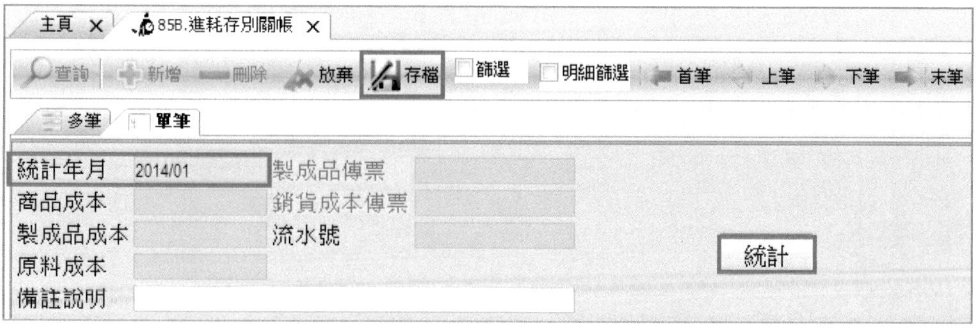

圖 5-2-2　85B. 進耗存別關帳 - 檔頭設定

Step03 在【85B. 進耗存別關帳】的【檔頭】顯示本月份的商品成本。

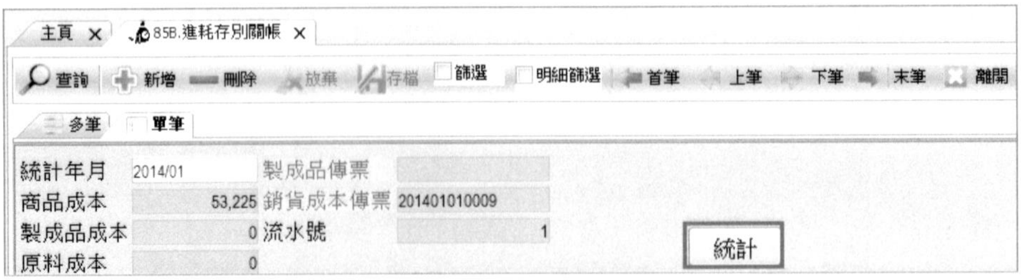

圖 5-2-3 85B. 進耗存別關帳 - 檔頭

Step04 在【85B. 進耗存別關帳】的【檔身】顯示本月份的庫存情況。
在【85B. 進耗存別關帳】畫面右方的捲軸向下拉移動，可以看其他產品的庫存情況。

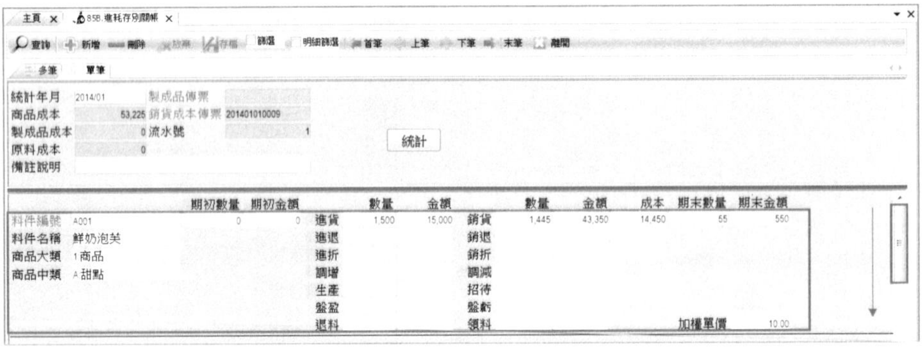

圖 5-2-4 85B. 進耗存別關帳 - 檔身

Step05 顯示 2014 年 1 月，全部品項的庫存情況。

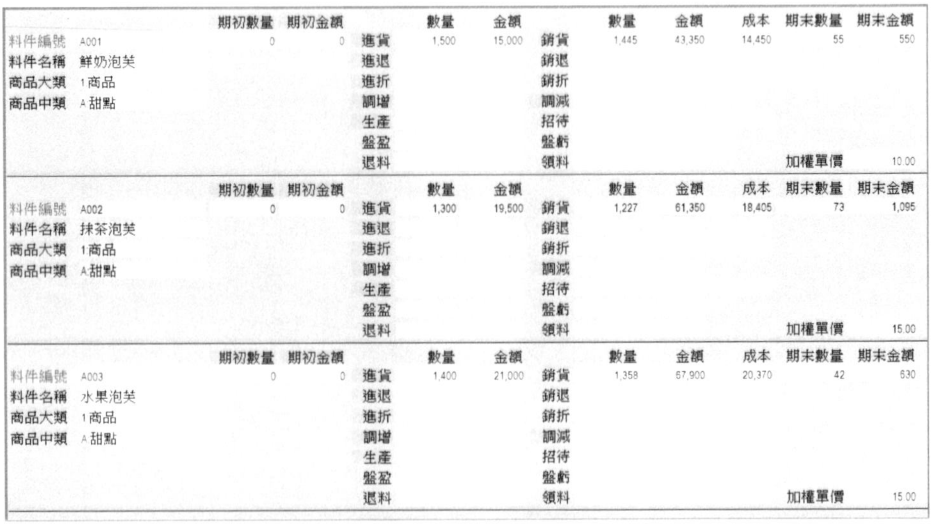

圖 5-2-5 85B. 進耗存別關帳 - 檔身

Step06 以商品「鮮奶泡芙」來說明。

「進貨數量」為「1,500」、「進貨金額」為「15,000」。

「銷貨數量」為「1,445」、銷貨金額為「43,350」、「銷貨成本」為「14,450」。

期末數量 = 進貨數量 - 銷貨數量

= 1,500 - 1,445 = 55

期末金額 = 進貨金額 - 銷貨金額

= 15,000 - 43,350 = 550

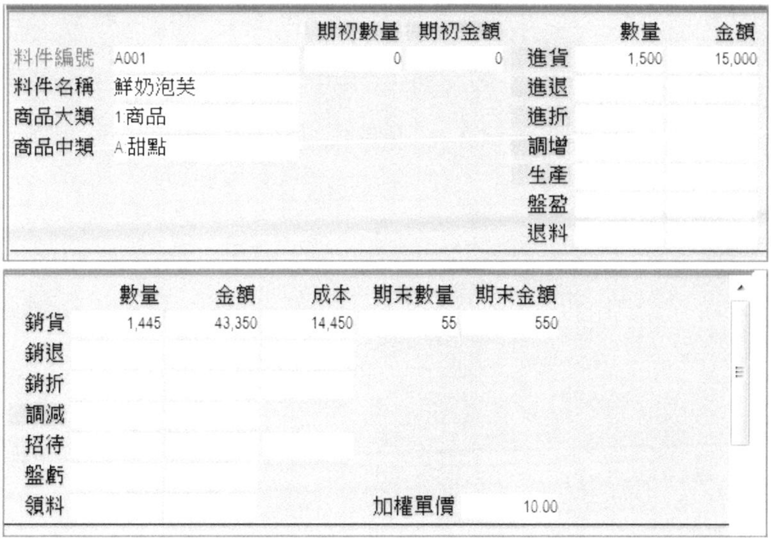
期初數量
期初金額
數量
金額
料件編號 A001
0
0
進貨 1,500 15,000
進退
料件名稱 鮮奶泡芙
商品大類 1 商品
進折
商品中類 A 甜點
調增
生產
盤盈
退料
數量
金額
成本
期末數量
期末金額
銷貨 1,445 43,350 14,450 55 550
銷退
銷折
調減
招待
盤虧
領料
加權單價 10.00

圖 5-2-6　85B. 進耗存別關帳 - 檔身

5-2-2 統計商品庫存

【85V. 商品進耗分析】與【85B. 進耗存別關帳】功能相似，皆是能統計庫存數量、成本的情況。然而，相較於【85B. 進耗存別關帳】是針對每項產品的分析，【85V. 商品進耗分析】則是依據商品大類的產品來進行分析。

案例 2

Chris 利用「85V. 商品進耗分析」系統功能，將單一品項依據商品大類統計整體庫存、成本情況，以便查詢查詢「2014 年 1 月」商品大類的產品狀況。

- 功能位置：【庫存模組】→【85V. 商品進耗分析】。
- 功能說明：查詢某一個月商品大類的庫存、成本情況。
- 操作練習：查詢「2014 年 1 月」商品大類的庫存、成本情況。

Step01 在【庫存模組】中的【85V. 商品進耗分析】，點擊「查詢」。

圖 5-2-7　85V. 商品進耗分析 - 查詢

Step02 在「統計年月 <=」填入「201401」，點擊「開始擷取並傳回」。

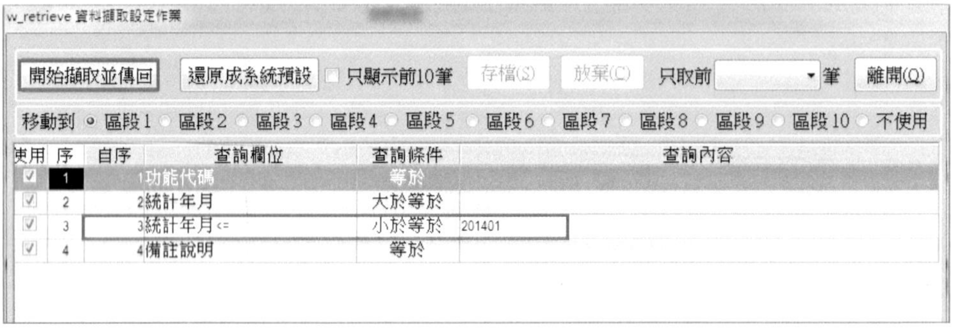

圖 5-2-8　85V. 商品進耗分析 - 查詢條件

Step03 在【85V. 商品進耗分析】的【檔頭】顯示本月份的商品成本。

圖 5-2-9　85V. 商品進耗分析 - 檔頭

Step04 在【85V. 商品進耗分析】的【檔身】依據「商品大類」顯示本月份的庫存情況。

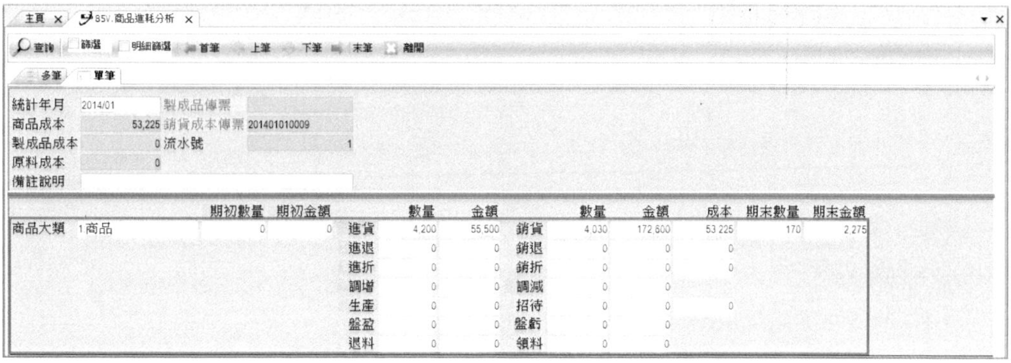

圖 5-2-10　85V. 商品進耗分析 - 檔身

Step05 在【85V. 商品進耗分析】的【檔身】顯示本月份「商品」的庫存情況。

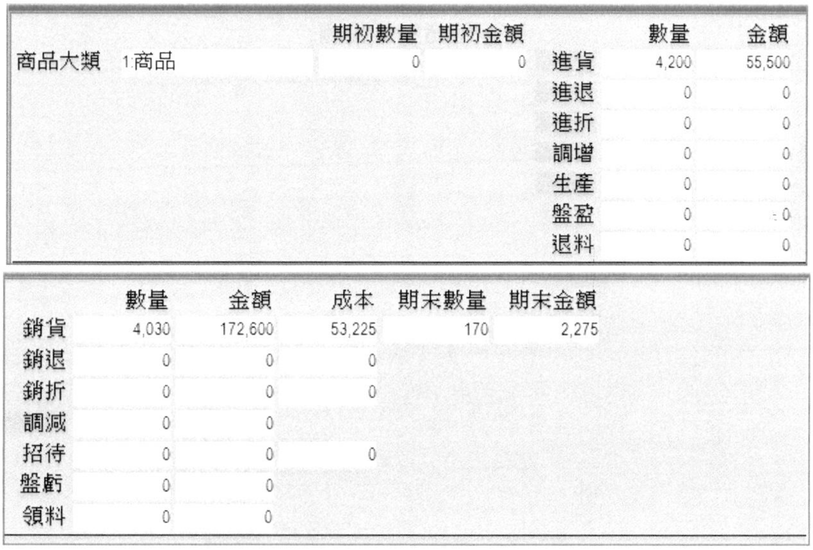
期初數量 期初金額 數量 金額
商品大類 1商品 0 0
進貨 4,200 55,500
進退 0 0
進折 0 0
調增 0 0
生產 0 0
盤盈 0 0
退料 0 0
數量 金額 成本 期末數量 期末金額
銷貨 4,030 172,600 53,225 170 2,275
銷退 0 0 0
銷折 0 0 0
調減 0 0
招待 0 0 0
盤虧 0 0
領料 0 0

圖 5-2-11　85V. 商品進耗分析 - 檔身

5-2-3 單據異動分析

餐廳採購食材進貨的單據、客人用完餐付費後的發票、客人退貨時附上的發票等等，皆是經營餐廳會產生的單據，而這些單據上詳細記錄著產品品項、數量、金額、日期等相關資料。因此，管理人可以透過【67J. 單據異動分析】功能來分析單據，並了解每一筆交易的情況，且能透過單據追蹤庫存流向，做好庫存管理。

案例 3

Chris 欲查詢「2014/01/01」當天所有單據，因此透過「67J. 單據異動分析」之功能，了解每一筆交易的狀況。

- 功能位置：【庫存模組】→【67J. 單據異動分析】。
- 功能說明：【67J. 單據異動分析】彙整【銷貨模組】、【採購模組】、【生產模組】、【庫存模組】的所有單據。
- 操作練習：查詢「2014 年 1 月 1 日」的單據異動。

Step01 在【庫存模組】中的【67J. 單據異動分析】，點擊「查詢」。

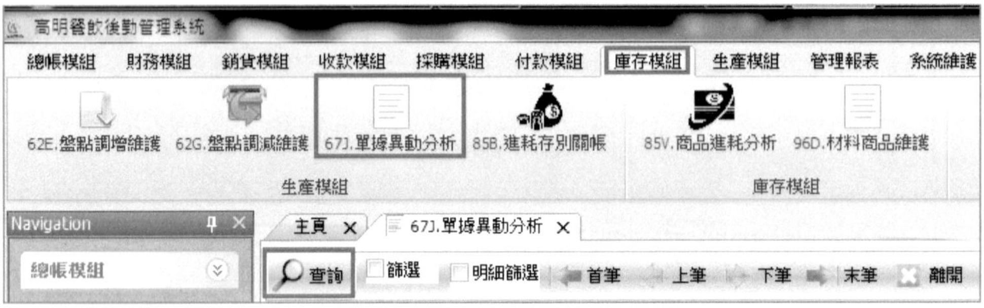

圖 5-2-12　67J. 單據異動分析 - 查詢

Step02 在「單據日期 >=」填入「20140101」，點擊「開始擷取並傳回」。

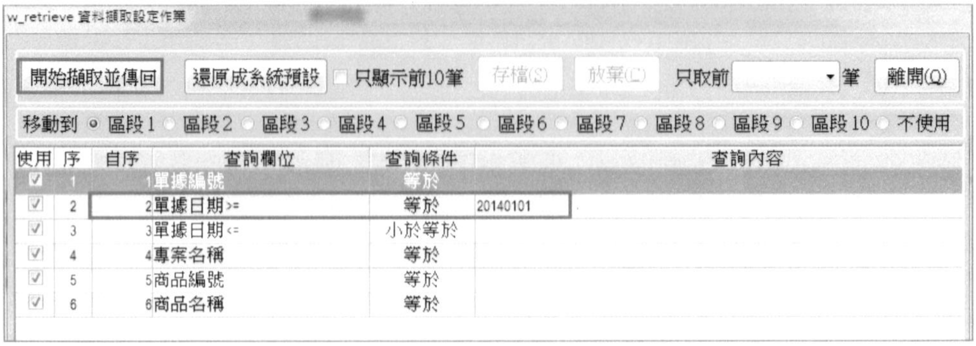

圖 5-2-13　67J. 單據異動分析 - 查詢條件

Step03 在【67J. 單據異動分析】的畫面顯示 2014 年 1 月 1 日所有單據。

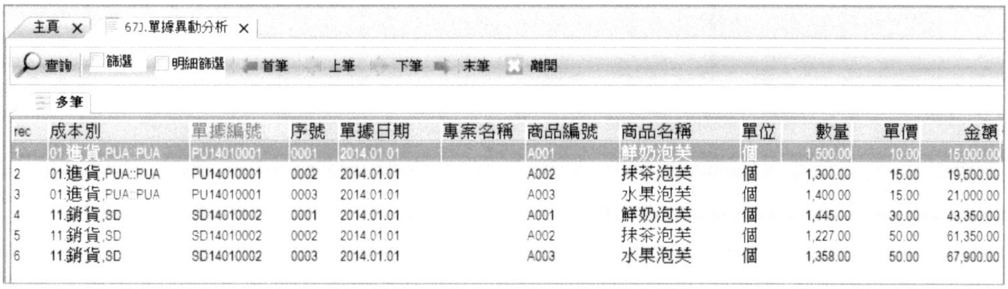

rec	成本別	單據編號	序號	單據日期	專案名稱	商品編號	商品名稱	單位	數量	單價	金額
1	01.進貨,PUA::PUA	PU14010001	0001	2014.01.01		A001	鮮奶泡芙	個	1,500.00	10.00	15,000.00
2	01.進貨,PUA::PUA	PU14010001	0002	2014.01.01		A002	抹茶泡芙	個	1,300.00	15.00	19,500.00
3	01.進貨,PUA::PUA	PU14010001	0003	2014.01.01		A003	水果泡芙	個	1,400.00	15.00	21,000.00
4	11.銷貨,SD	SD14010002	0001	2014.01.01		A001	鮮奶泡芙	個	1,445.00	30.00	43,350.00
5	11.銷貨,SD	SD14010002	0002	2014.01.01		A002	抹茶泡芙	個	1,227.00	50.00	61,350.00
6	11.銷貨,SD	SD14010002	0003	2014.01.01		A003	水果泡芙	個	1,358.00	50.00	67,900.00

圖 5-2-14　67J. 單據異動分析 - 畫面

Step04 雙擊「單據編號」可以追蹤每筆交易情況。

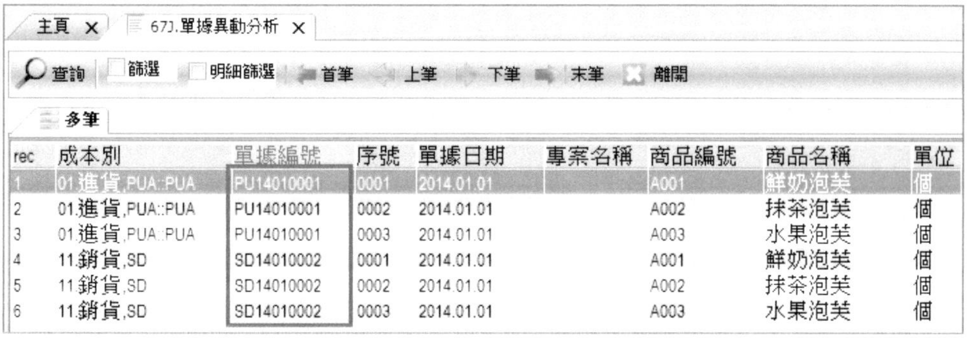

rec	成本別	單據編號	序號	單據日期	專案名稱	商品編號	商品名稱	單位
1	01.進貨,PUA::PUA	PU14010001	0001	2014.01.01		A001	鮮奶泡芙	個
2	01.進貨,PUA::PUA	PU14010001	0002	2014.01.01		A002	抹茶泡芙	個
3	01.進貨,PUA::PUA	PU14010001	0003	2014.01.01		A003	水果泡芙	個
4	11.銷貨,SD	SD14010002	0001	2014.01.01		A001	鮮奶泡芙	個
5	11.銷貨,SD	SD14010002	0002	2014.01.01		A002	抹茶泡芙	個
6	11.銷貨,SD	SD14010002	0003	2014.01.01		A003	水果泡芙	個

圖 5-2-15　67J. 單據異動分析 - 單據編號

Step05 雙擊「進貨單：PU14010001」，連結到【54A. 廠商進貨維護】。

主頁
67J.單據異動分析
54A.廠商進貨維護
查詢 新增 刪除 放棄 存檔 核准 取消 篩選 明細篩選 首筆 上筆 下筆
多筆 單筆
單據編號 PU14010001 流水號 1 核准旗標 Y
相關編號 領用與否 N 核准日期 2014.11.29
單據類別 PUA 進貨 即入即領 核准資訊 0001::0001::00:29:32
單據日期 2014.01.01 立帳傳票 201401010008 應付金額 55,500.00
廠商編號 F001 日式甜點 沖帳傳票 已付金額 55,500.00
專案名稱 建檔資訊 2014/11/5 10:12:30 未付金額 0.00
付款方式 A現金 聯數 3 未稅金額 52,857.14 銷項金額 2,642.00
備註之一
備註之二
系統訊息

序號	產品編號	產品名稱	單位	數量	單價	金額	備註
0001	A001	鮮奶泡芙	個	1,500.00	10.00	15,000.00	
0002	A002	抹茶泡芙	個	1,300.00	15.00	19,500.00	
0003	A003	水果泡芙	個	1,400.00	15.00	21,000.00	
						55,500.00	

圖 5-2-16　54A. 廠商進貨維護 - 交易明細

5-2-4 庫存盤點流程

一間餐廳在庫存盤點的過程中，難免會因為人為的疏忽，可能是輸入單據時填錯資料，也可能是實際到倉庫盤點時點錯數量，導致系統上的數量或成本金額與實際倉庫狀況不一致。因此，若有系統資料與實際狀況不一致的情形發生時，可以利用【62E. 盤點調增維護】、【62G. 盤點調減維護】功能來對庫存做調整的動作，以讓系統與實際狀況達成一致。

案例 4

Chris 為了調整商品加權平均後的單價，因此利用系統【62E. 盤點調增維護】在期末盤點時增加一筆期末成本，調整 2014/01/31 的【期末金額】，以便調整【85B. 進耗存別關帳】月加權平均計算的小數誤差。

- 功能位置：【庫存模組】→【62E. 盤點調增維護】。
- 功能說明：選擇【62E. 盤點調增維護】的調增單，增加單一品項期末成本，用以調整月加權平均計算的小數誤差。
- 操作練習：在 2014 年 1 月 31 日新增一筆調增單，再到【85B. 進耗存別關帳】查詢「加權單價」。

表 5-3　2014 年 1 月 31 日調增單

廠商	商品	金額
日式甜點烘培坊	鮮奶泡芙	100

- 操作步驟 (一)：新增一筆調增單。

Step01 在【庫存模組】中的【62E. 盤點調增維護】，新增一筆資料。

圖 5-2-17　62E. 盤點調增維護 - 新增

Step02 在「單據類別」下拉選單，選擇「調增」。
在「單據日期」填入「2014.01.31」。
在「員工編號」下拉選單，選擇「F001」。
點擊「存檔」。

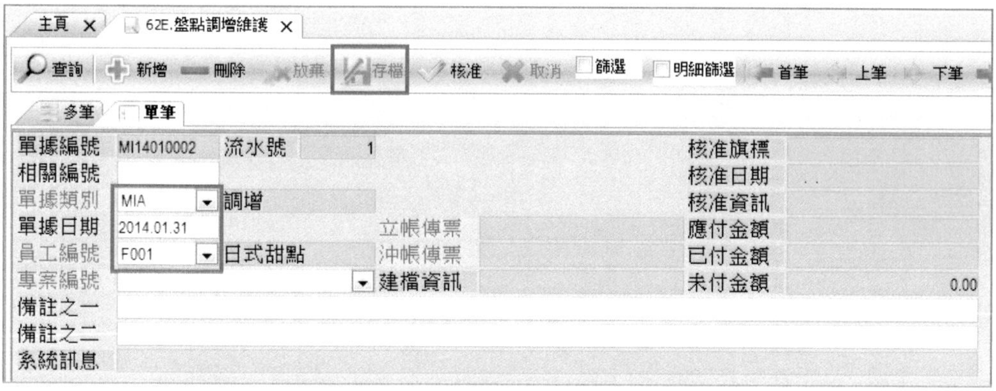

圖 5-2-18　62E. 盤點調增維護 - 檔頭設定

Step03 滑鼠游標移至【檔身】，按一次【Insert】。

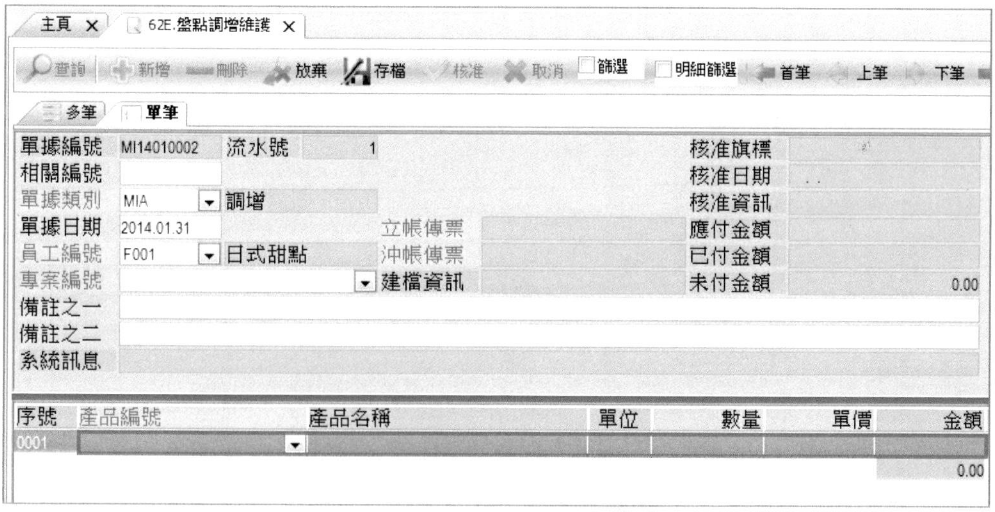

圖 5-2-19　62E. 盤點調增維護 - 檔身

Step04 在「產品編號」下拉選單中，選擇「鮮奶泡芙」。

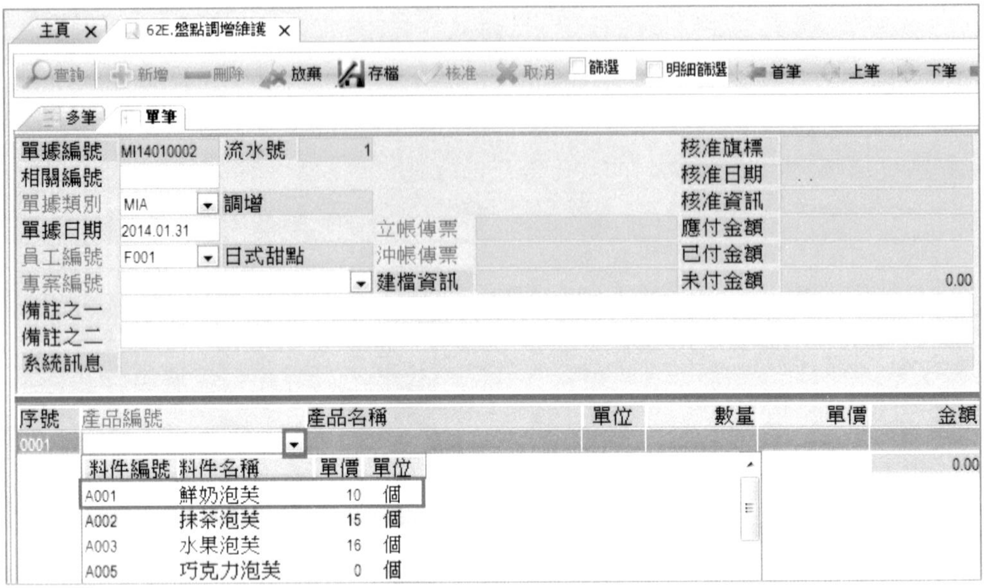

圖 5-2-20　62E. 盤點調增維護 - 單據編號

Step05 在「金額」填入「100」；先「存檔」，再「核准」。

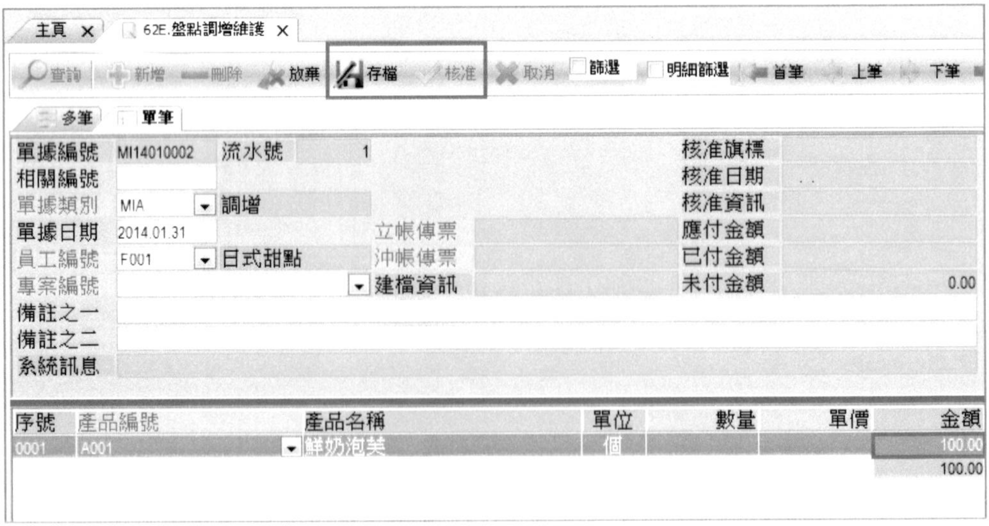

圖 5-2-21　62E. 盤點調增維護 - 單據編號

Step06 「核准」完，雙擊「立帳傳票」。

圖 5-2-22　62E. 盤點調增維護 - 單據編號

Step07 連結到【25A. 每日傳票維護】單筆頁籤中，顯示本月庫存盤盈明細。

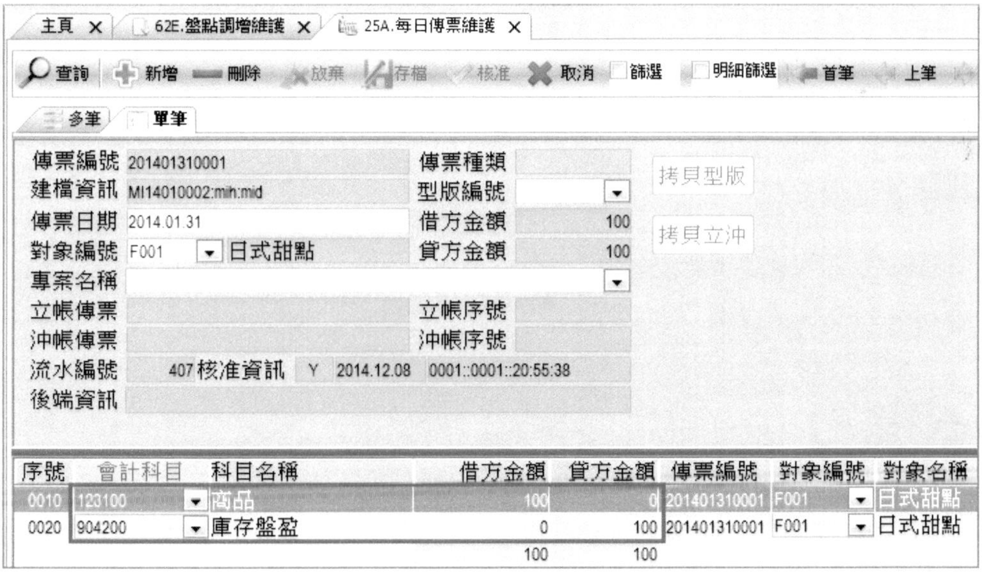

圖 5-2-23　25A. 每日傳票維護 - 單據編號

▣ 操作步驟 (二)：查詢 2014 年 1 月「鮮奶泡芙」的加權單價。

Step01 在【庫存模組】中的【85B. 進耗存別關帳】，點擊「查詢」。

圖 5-2-24　85B. 進耗存別關帳 - 查詢

Step02 在「統計年月 <=」填入「201401」，點擊「開始擷取並傳回」。

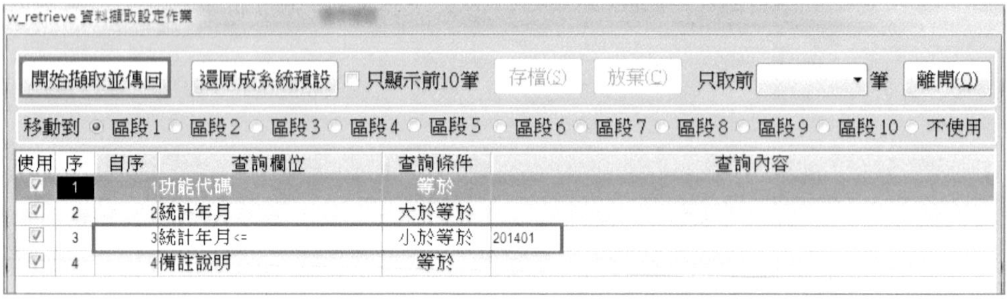
w_retrieve 資料擷取設定作業
開始擷取並傳回
還原成系統預設
只顯示前10筆
存檔(S)
放棄(C)
只取前
筆
離開(Q)
移動到 區段1 區段2 區段3 區段4 區段5 區段6 區段7 區段8 區段9 區段10 不使用
使用 序 自序 查詢欄位 查詢條件 查詢內容
1 1功能代碼 等於
2 2統計年月 大於等於
3 3統計年月<= 小於等於 201401
4 4備註說明 等於

圖 5-2-25　85B. 進耗存別關帳 - 查詢條件

Step03 進入【85B. 進耗存別關帳】的「單筆」頁籤，點擊「統計」。

圖 5-2-26　85B. 進耗存別關帳 - 統計

Step04 查詢「鮮奶泡芙」的加權單價 (四捨五入到小數第二位)。

「加權單價」= (進貨金額 + 調增金額) / 進貨數量

10.07 = 15,100/1,500

「期末金額」= 期初金額 + 進貨金額 + 調增金額 – 銷貨成本

549 = 0 + 15,000 + 100 – 14,551

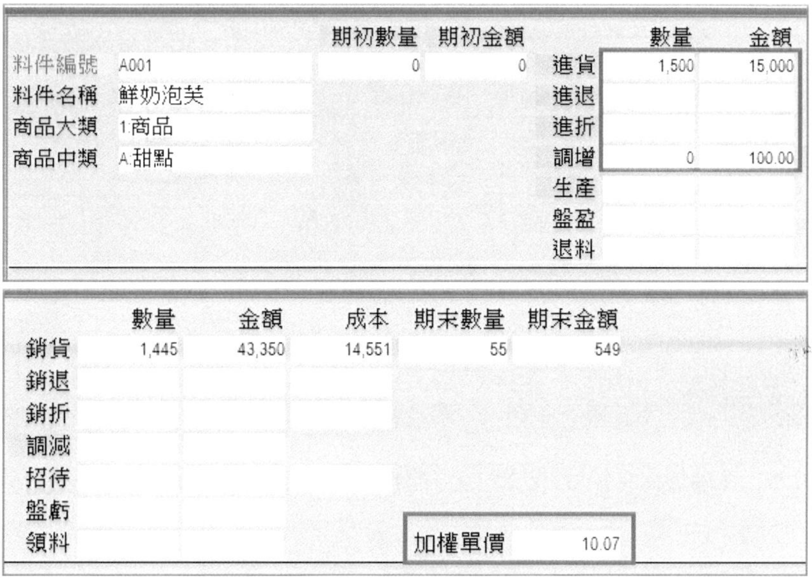
期初數量
期初金額
數量
金額
料件編號
A001
0
0
進貨
1,500
15,000
料件名稱
鮮奶泡芙
進退
商品大類
1.商品
進折
商品中類
A.甜點
調增
0
100.00
生產
盤盈
退料
數量
金額
成本
期末數量
期末金額
銷貨
1,445
43,350
14,551
55
549
銷退
銷折
調減
招待
盤虧
領料
加權單價
10.07

圖 5-2-27　85B. 進耗存別關帳 - 檔身

案例 5

「PAPA PUFFS 泡芙專賣店」採用「永續盤存制」，每到月底 Chris 都必須實際盤點商品，當 Chris 正在食品材料倉盤點貨品時，發現向「日式甜點烘焙坊」進貨的「鮮奶泡芙」，在系統上的帳面數量低於實際盤點的數量，因此 Chris 利用系統「62E. 盤點調增維護」之功能，調整 2014/03/31 鮮奶泡芙的「庫存數量」。有關永續盤存制的補充說明，請參考附錄 A-4。

- 功能位置：【庫存模組】→【62E. 盤點調增維護】。
- 功能說明：當帳面數量低於實際盤點的數量時，我們可以利用「盤盈單」來調整「庫存量」，使料帳一致。
- 操作練習：在 2014 年 3 月 31 日新增一筆盤盈單，再到【85B. 進耗存別關帳】查詢正確的「期末金額」。

表 5-4　2014 年 3 月 31 日盤盈單

廠商	商品	數量
日式甜點烘培坊	鮮奶泡芙	50

▣ 操作步驟 (一)：新增一筆盤盈單。

Step01 在【庫存模組】中的【62E. 盤點調增維護】，新增一筆資料。

圖 5-2-28　62E. 盤點調增維護 - 新增

Step02 在「單據類別」下拉選單，選擇「盤盈」。在「單據日期」填入「2014.03.31」。

在「廠商編號」下拉選單，選擇「F001」。

點擊「存檔」。

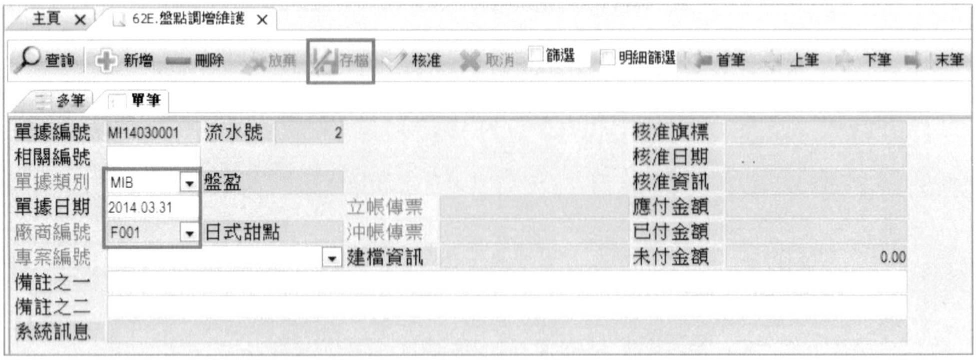

圖 5-2-29　62E. 盤點調增維護 - 檔頭設定

Step03 滑鼠游標移至【檔身】，按一次【Insert】。

在「產品編號」下拉選單中，選擇「鮮奶泡芙」。

在「數量」填入「50」；先「存檔」，再「核准」。

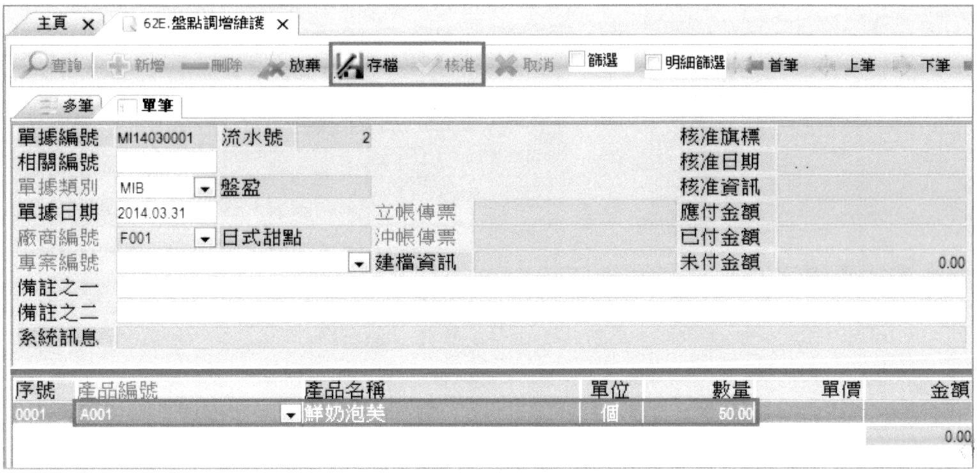

圖 5-2-30　62E. 盤點調增維護 - 檔身設定

Step04 「核准」後，完成期末數量調整。

圖 5-2-31　62E. 盤點調增維護 - 核准

▣ 操作步驟 (二)：查詢 2014 年 3 月「鮮奶泡芙」的「期末金額」。

Step01 在【庫存模組】中的【85B. 進耗存別關帳】，點擊「查詢」。

圖 5-2-32　85B. 進耗存別關帳 - 查詢

Step02 在「統計年月」的查詢條件，選擇「等於」。
在「統計年月」的查詢內容，輸入「201403」。
點擊「開始擷取並傳回」。

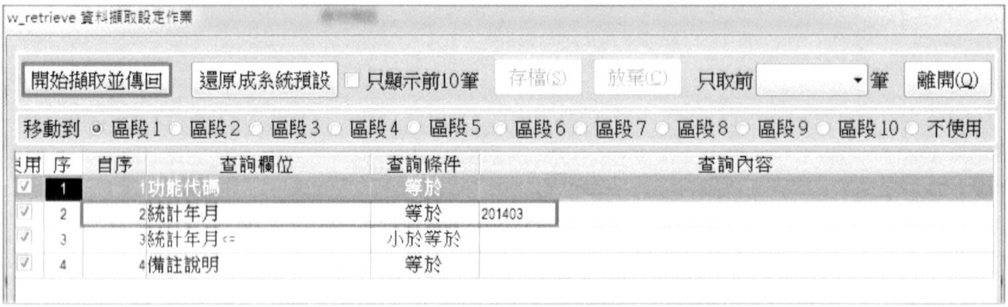

w_retrieve 資料擷取設定作業
開始擷取並傳回
還原成系統預設
只顯示前10筆
存檔(S)
放棄(C)
只取前
筆
離開(Q)
移動到
區段1
區段2
區段3
區段4
區段5
區段6
區段7
區段8
區段9
區段10
不使用
序
自序
查詢欄位
查詢條件
查詢內容
1 功能代碼 等於
2 統計年月 等於 201403
3 統計年月 <= 小於等於
4 備註說明 等於

圖 5-2-33　85B. 進耗存別關帳 - 查詢條件

Step03 進入【85B. 進耗存別關帳】的「單筆」頁籤，點擊「統計」。

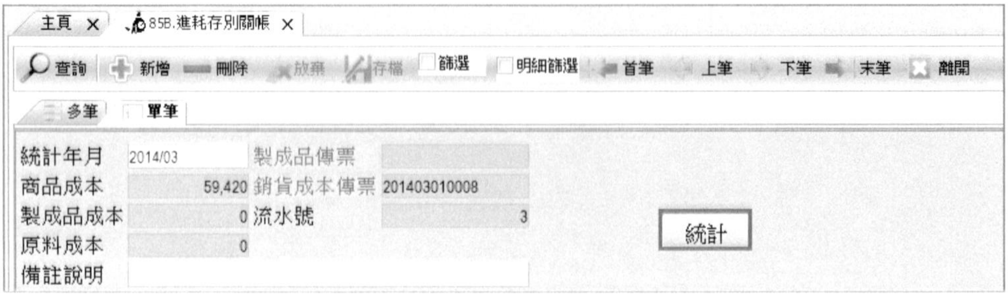

圖 5-2-34　85B. 進耗存別關帳 - 統計

Step04 在 2014 年 3 月 31 日盤點庫存後，登入「盤盈數量」

「鮮奶泡芙」的「盤盈數量」為「50」。

「盤盈金額」= 盤盈數量 x 加權單價

506 = 50 x 10.12

「期末數量」= 期初數量 + 進貨數量 + 盤盈數量 – 銷貨數量

130 = 103 + 1,500 + 50 – 1,523

「期末金額」= 期初金額 + 進貨金額 + 盤盈金額 – 銷貨成本

1,318 = 1,225 + 15,000 + 506 – 15,413

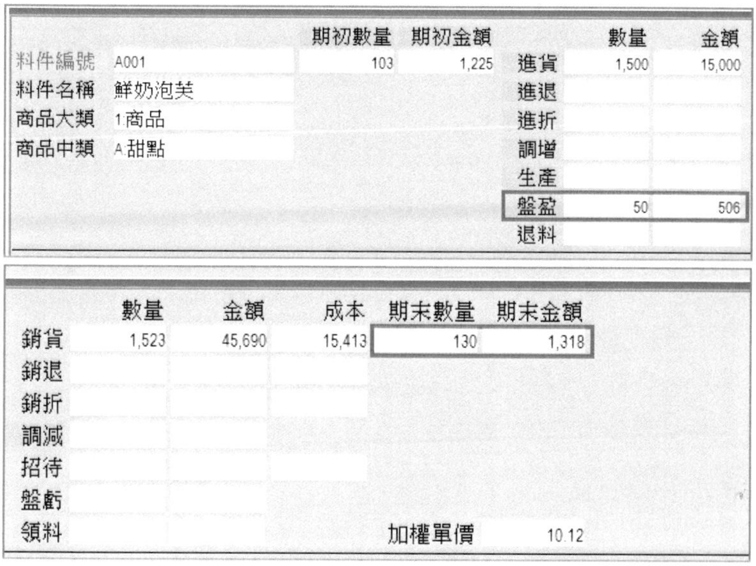
期初數量
期初金額
數量
金額
料件編號
A001
103
1,225
進貨
1,500
15,000
料件名稱
鮮奶泡芙
進退
商品大類
1 商品
進折
商品中類
A 甜點
調增
生產
盤盈
50
506
退料
數量
金額
成本
期末數量
期末金額
銷貨
1,523
45,690
15,413
130
1,318
銷退
銷折
調減
招待
盤虧
領料
加權單價
10.12

圖 5-2-35　85B. 進耗存別關帳 - 檔身

案例 6

Chris 為了調整商品加權平均後的單價，因此利用系統「62G. 盤點調減維護」在期末盤點時調減品項，調整 2014/04/30 的「期末金額」，以便調整「85B. 進耗存別關帳」月加權平均計算的小數誤差。

- 功能位置：【庫存模組】→【62G. 盤點調減維護】。
- 功能說明：選擇【62G. 盤點調減維護】的「調減單」，減少單一品項期末成本，用以調整月加權平均計算的小數誤差。
- 操作練習：在 2014 年 4 月 30 日新增一筆調減單，再到【85B. 進耗存別關帳】查詢「加權單價」。

表 5-5　2014 年 4 月 30 日調減單

廠商	商品	金額
日式甜點烘培坊	鮮奶泡芙	200

▣ 操作步驟 (一)：新增一筆調減單。

Step01 在【庫存模組】中的【62G. 盤點調減維護】，新增一筆資料。

圖 5-2-36　62G. 盤點調減維護 - 新增

Step02 在「單據類別」下拉選單，選擇「調減」。
在「單據日期」填入「2014.04.30」。
在「廠商編號」下拉選單，選擇「F001」。
點擊「存檔」。

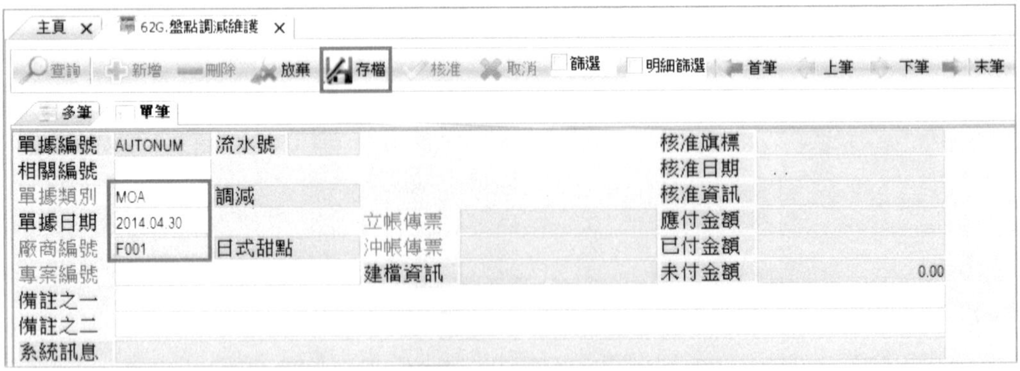

圖 5-2-37　62G. 盤點調減維護 - 檔頭設定

Step03 滑鼠游標移至【檔身】，按一次【Insert】。

在「產品編號」下拉選單中，選擇「鮮奶泡芙」。

在「金額」填入「200」；先「存檔」，再「核准」。

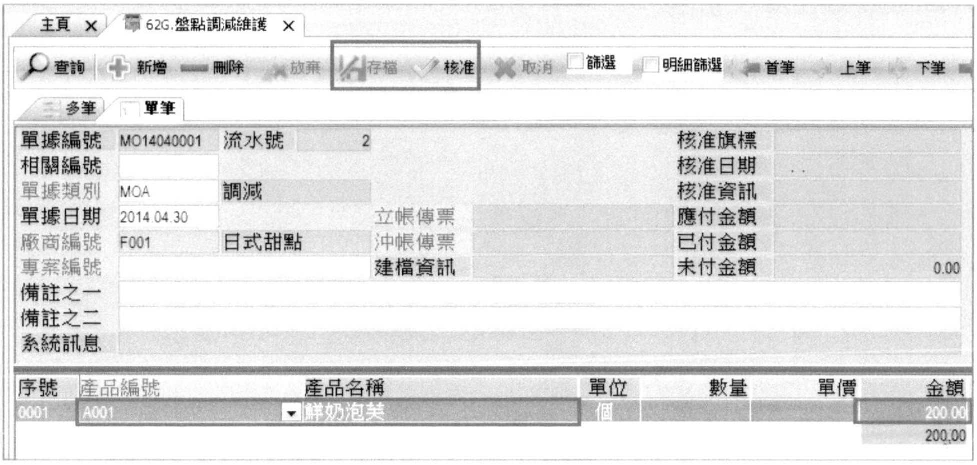

圖 5-2-38　62G. 盤點調減維護 - 單據編號

Step04 「核准」完，雙擊「立帳傳票」。

圖 5-2-39　62G. 盤點調減維護 - 核准

Step05 連結到【25A. 每日傳票維護】單筆頁籤中，顯示本月庫存盤損明細。

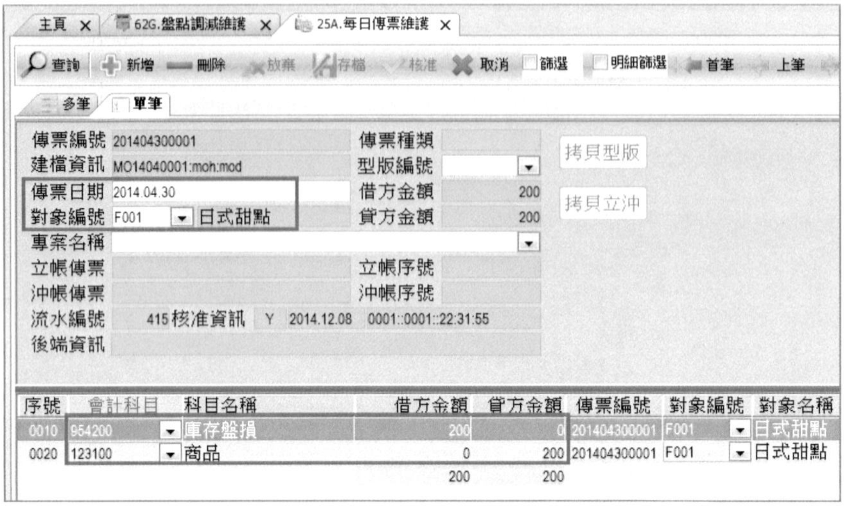

圖 5-2-40　25A. 每日傳票維護 - 庫存盤損

▣ 操作步驟 (二)：查詢 2014 年 4 月「鮮奶泡芙」的期末金額。

Step01 在【庫存模組】中的【85B. 進耗存別關帳】，點擊「查詢」。

圖 5-2-41　85B. 進耗存別關帳 - 查詢

Step02 在「統計年月」填入「201404」，點擊「開始擷取並傳回」。

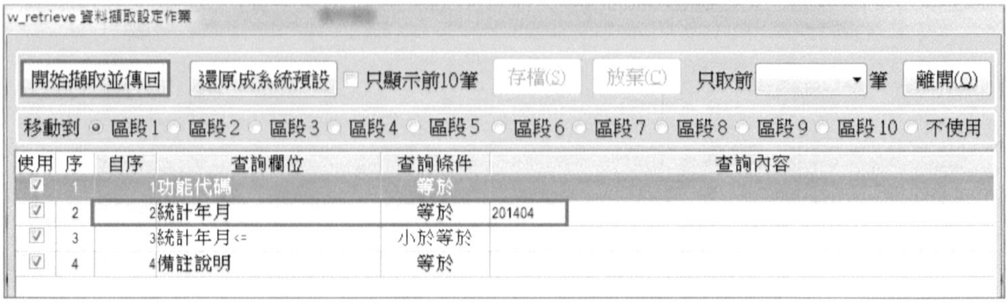
w_retrieve 資料擷取設定作業
開始擷取並傳回
還原成系統預設
只顯示前10筆
存檔(S)
放棄(C)
只取前
筆
離開(Q)
移動到 區段1 區段2 區段3 區段4 區段5 區段6 區段7 區段8 區段9 區段10 不使用
使用 序 自序 查詢欄位 查詢條件 查詢內容
1 1功能代碼 等於
2 2統計年月 等於 201404
3 3統計年月 <= 小於等於
4 4備註說明 等於

圖 5-2-42　85B. 進耗存別關帳 - 查詢條件

Step03 進入【85B. 進耗存別關帳】的「單筆」頁籤，點擊「統計」。

主頁
85B.進耗存別關帳
查詢
新增
刪除
放棄
存檔
篩選
明細篩選
首筆
上筆
下筆
末筆
離開
多筆
單筆
統計年月 2014/04
製成品傳票
商品成本 70,138
銷貨成本傳票 201404010008
製成品成本 0
流水號 4
原料成本 0
備註說明
統計

圖 5-2-43　85B. 進耗存別關帳 - 統計

Step04 查詢「鮮奶泡芙」的期末金額。

「期末金額」= 期初金額 + 進貨金額 – 銷貨成本 – 調減金額

1,816 = 1,318 + 18,000 – 1,7302 – 200

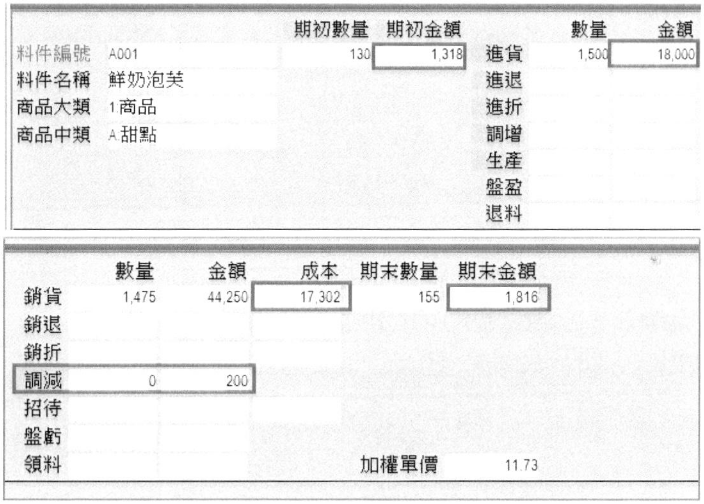
期初數量 期初金額 數量 金額
料件編號 A001 130 1,318 進貨 1,500 18,000
料件名稱 鮮奶泡芙 進退
商品大類 1 商品 進折
商品中類 A 甜點 調增
生產
盤盈
退料
數量 金額 成本 期末數量 期末金額
銷貨 1,475 44,250 17,302 155 1,816
銷退
銷折
調減 0 200
招待
盤虧
領料 加權單價 11.73

圖 5-2-44　85B. 進耗存別關帳 - 檔身

案例 7

2014/05/30，Chris 正在食品材料倉盤點貨品時，發現向「日式甜點烘焙坊」進貨的「鮮奶泡芙」，在系統上的帳面數量高於實際盤點的數量，因此 Chris 利用系統「62G. 盤點調減維護」之功能，調整鮮奶泡芙的「庫存數量」。

- 功能位置：【庫存模組】→【62G. 盤點調減維護】。

- 功能說明：當帳面數量高於實際盤點的數量時，我們可以利用「盤虧單」來調整「庫存量」，使料帳一致。
- 操作練習：在 2014 年 5 月 30 日新增一筆盤虧單，再到【85B. 進耗存別分析】查詢「加權單價」。

表 5-6　2014 年 5 月 30 日盤虧單

廠商	商品	數量
日式甜點烘培坊	鮮奶泡芙	50

- 操作步驟（一）：新增一筆盤虧單。

Step01 在【庫存模組】中的【62G. 盤點調減維護】，新增一筆資料。

圖 5-2-45　62G. 盤點調減維護 - 新增

Step02 在「單據類別」下拉選單，選擇「盤虧」。
在「單據日期」填入「2014.05.30」。
在「廠商編號」下拉選單，選擇「F001」。
點擊「存檔」。

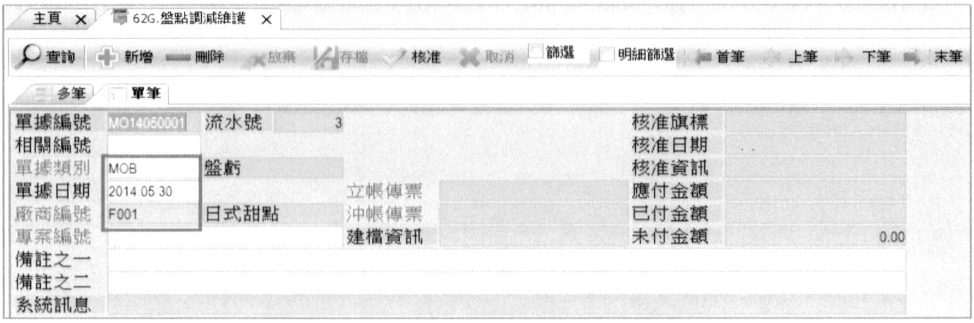

圖 5-2-46　62G. 盤點調減維護 - 檔頭設定

Step03 滑鼠游標移至【檔身】，按一次【Insert】。

在「產品編號」下拉選單中，選擇「鮮奶泡芙」。

在「數量」填入「50」；先「存檔」，再「核准」。

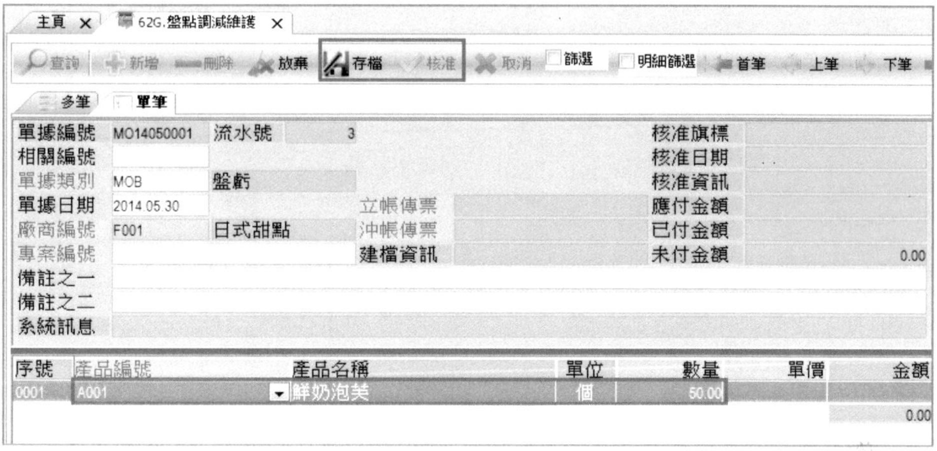

圖 5-2-47　62G. 盤點調減維護 - 檔身設定

Step04 「核准」後，完成期末數量調整。

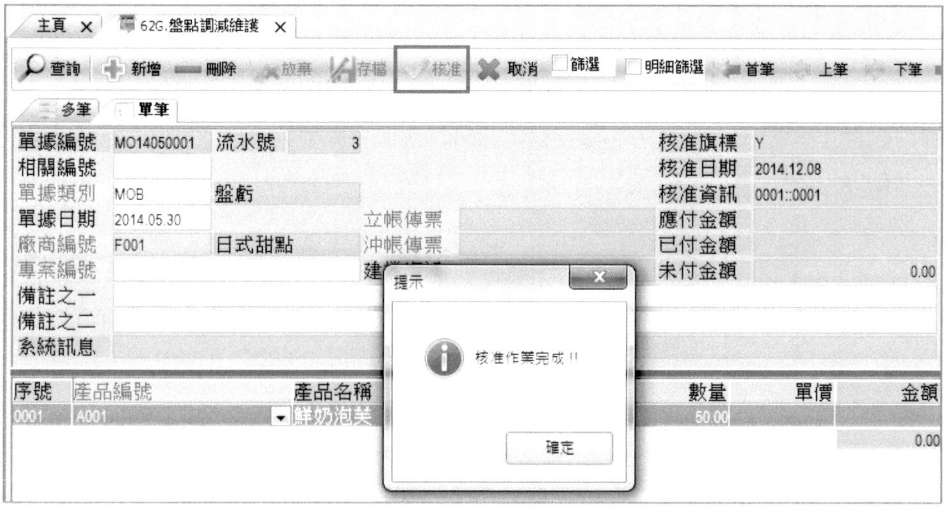

圖 5-2-48　62G. 盤點調減維護 - 核准

▣ 操作步驟 (二)：查詢 2014 年 5 月「鮮奶泡芙」的加權單價。

Step01 在【庫存模組】中的【85B. 進耗存別關帳】，點擊「查詢」。

圖 5-2-49　85B. 進耗存別關帳 - 查詢 (改圖)

Step02 在「統計年月」的查詢條件，選擇「等於」。
在「統計年月」的查詢內容，輸入「201405」。
點擊「開始擷取並傳回」。

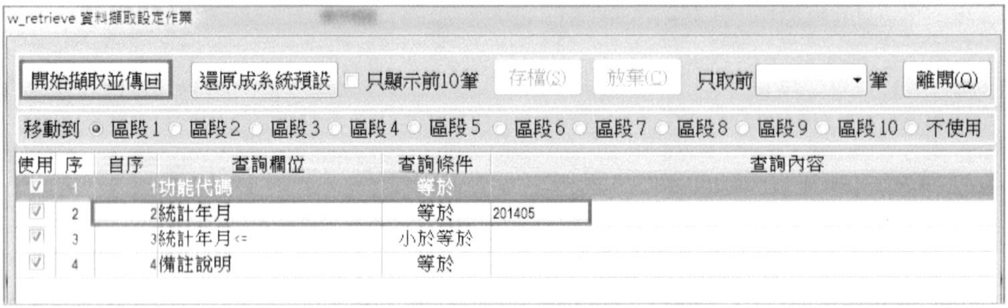

圖 5-2-50　85B. 進耗存別關帳 - 查詢條件

Step03 進入【85B. 進耗存別關帳】的「單筆」頁籤，點擊「統計」。

圖 5-2-51　85B. 進耗存別關帳 - 統計

Step04 在 2014 年 5 月 30 盤點庫存後，登入「盤虧數量」。

「期末金額」= 期初金額 + 進貨金額 – 銷貨成本 – 盤虧金額

808 = 1,816 + 16,400 – 16,900 – 508

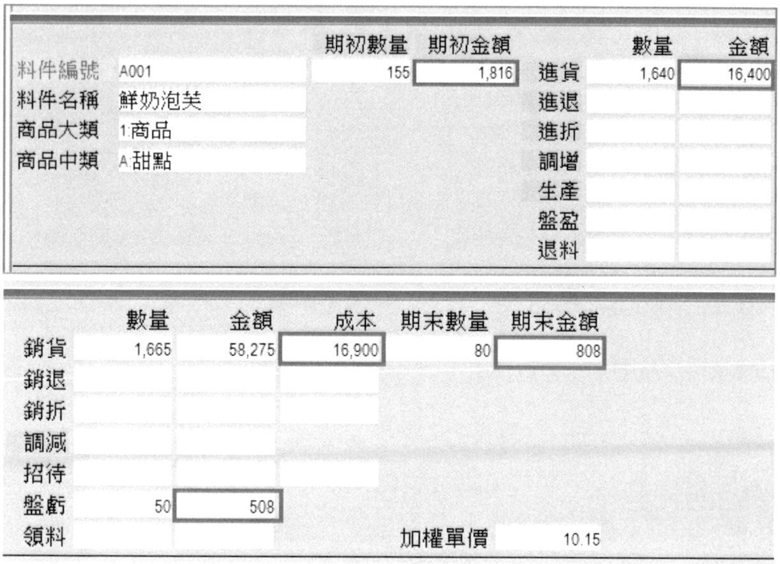
期初數量
期初金額
數量
金額
料件編號
A001
155
1,816
進貨
1,640
16,400
料件名稱
鮮奶泡芙
進退
商品大類
1 商品
進折
商品中類
A 甜點
調增
生產
盤盈
退料
數量
金額
成本
期末數量
期末金額
銷貨
1,665
58,275
16,900
80
808
銷退
銷折
調減
招待
盤虧
50
508
領料
加權單價
10.15

圖 5-2-52　85B. 進耗存別關帳 - 檔身

5-3 隨堂練習

1.(　　) 請問在哪一個功能新增「盤盈單」？

(A) 62G. 盤點調減維護

(B) 62E. 盤點調增維護

(C) 85B. 進耗存別關帳

(D) 85V. 商品進耗分析

2.(　　) 雙擊「盤點調增維護」的立帳傳票，顯示會計分錄為？

(A) 借：銷貨成本，貸：商品

(B) 借：銷貨成本，貸：商品

(C) 借：商品，貸：銷貨成本

(D) 借：商品，貸：銷貨成本

3.(　　) 請問在哪一個功能建立盤虧的結果？

(A) 62E. 盤點調增維護

(B) 62G. 盤點調減維護

(C) 85B. 進耗存別關帳

(D) 85V. 商品進耗分析

4.(　　) 當倉庫裡有100公斤，結果電腦上有105公斤，請問應該如何處理？

(A) 打一筆盤點調減單

(B) 打一筆盤點調增單

(C) 打一筆銷退單

(D) 打一筆領用單

5.(　　) 請問在「67J.單據異動分析」功能裡面，可以查詢到哪些單據？

(A) 銷貨單、銷退單

(B) 進貨單、進退單

(C) 領料單、入庫單

(D) 以上皆是

6.(　　) 請問在「67J.單據異動分析」功能裡面，可以查詢到哪些單據？

(A) 調增單、調減單

(B) 銷貨單、銷退單

(C) 進貨單、進退單

(D) 以上皆是

7.(　　) 關於「85B.進耗存別關帳」，下列何者不會造成「期末數量」減少？

(A) 銷貨單

(B) 銷退單

(C) 銷折單

(D) 以上皆非

8.(　　) 請問在「85B.進耗存別關帳」按下「統計」後，下列哪張單據不會顯示「單位成本」、「進貨成本」？

(A) 進貨單

(B) 盤盈單

(C) 盤虧單

(D) 以上皆非

9.(　　)　在「85V.商品進耗分析」，會依據哪些類別做彙總？

(A) 製成品

(B) 商品

(C) 原料

(D) 以上皆是

10.(　　)　請問下列哪一個功能可以查詢到單一品項的「收入金額」、「成本金額」？

(A) 54A. 廠商進貨維護

(B) 96D. 材料商品維護

(C) 44A. 每日銷貨維護

(D) 94A. 客戶資料維護

CHAPTER

06

總帳管理流程

6-1 流程說明

若想永續經營一間商店，總帳管理則為不可或缺的因素，本書以提供讀者一套有效且方便的會計總帳管理系統為目的，加強會計流程的管理和營業的分析，而其主要精神在於每日傳票的維護，「高明 ERP 資訊管理系統」簡單易上手，能夠讓三到五人的餐飲業者快速入門。

傳票輸入更具有下列三項特色：

1.「會計子目」：依照會計科目的不同，而可以選擇客戶編號，廠商編號，員工編號和銀行帳戶。

2.「立沖帳」：在第三章時我們提過了立帳的觀念，在此章我們將「立帳」和「沖帳」的觀念合併起來可以用來處理類似員工出差之暫付款等，需要沖銷的會計科目。「沖帳」指的即是沖銷帳款，沖銷掉應收、應付帳款、暫付款等會計科目，例如 PAPA PUFFS 泡芙專賣店向廠商賒購一批水果泡芙，立了水果泡芙的應付帳款，當付清應付帳款時則需要用現金沖銷應付帳款，表示還清了負債。

3.「傳票型版」：可以快速處理每月都會重複發生的傳票，達到省時省力的效果。本系統透過【25A. 每日傳票維護】與【12A. 傳票型版維護】的配合，可以讓使用者輕鬆建立每個月常使用的傳票。此外，被設定成可以立沖的會計科目，可以透過「拷貝立沖」快速地建立沖帳傳票，使用者僅需調整金額即可完成沖帳傳票的建立。

總帳管理流程圖

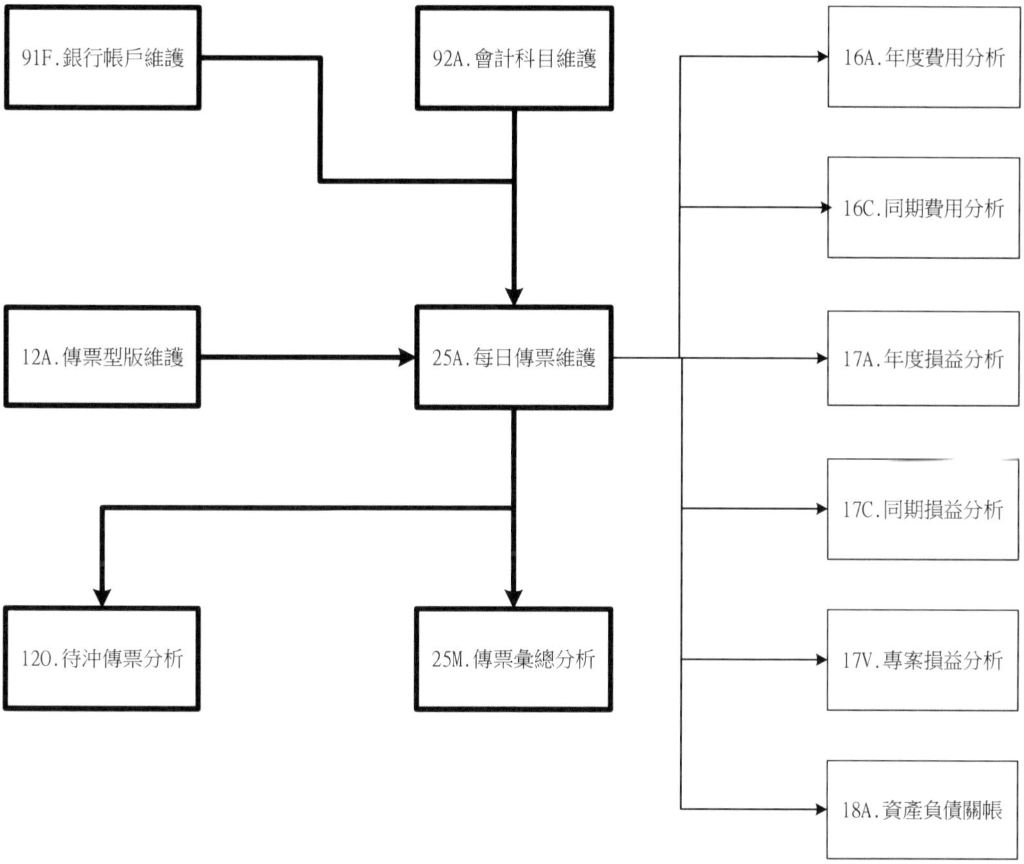

6-2 操作流程

6-2-1 登錄傳票流程

【25A. 每日傳票維護】是一間餐廳的會計人員每天都會使用到的功能，無論是行銷的廣告費用、購入新餐具的費用，亦或是發放給員工的薪資費用等等，會計人員均須要透過此功能登入相關傳票資料，為餐廳做好財務方面的記帳，以維護餐廳整體的營運。

案例 1

近年來全球社會網路化，關鍵字廣告成為行銷利器之一，「PAPA PUFFS 泡芙專賣店」為了提高自家品牌的搜尋率，因此每月向 google 購買關鍵字廣告。2015/02/01 向 google 付關鍵字廣告的費用，登錄廣告費用的同時，為了節省每月登錄的繁雜步驟，利用系統「拷貝型版」的功能拷貝傳票版型，減少隔月系統操作的時間。

- 功能位置：【總帳模組】→【25A. 每日傳票維護】。
- 功能說明：選擇【25A. 每日傳票維護】，利用「拷貝型版」快速拋轉傳票。
- 操作練習：新增一筆 2015 年 2 月 1 日的傳票，利用「拷貝型版」拷貝「廣告費用」型版。

Step01 在【總帳模組】中的【25A. 每日傳票維護】，新增一筆資料。

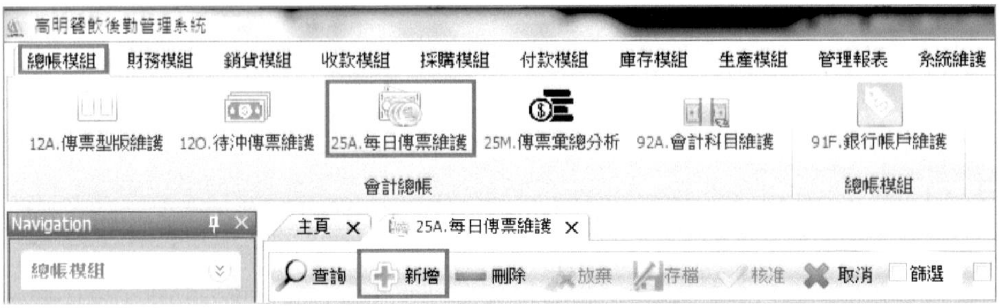

圖 6-2-1　25A. 每日傳票維護 - 新增

Step02 在「傳票日期」填入「2015.02.01」。

在「型版編號」的下拉選單中，選擇「廣告費用」。點擊「存檔」。

圖 6-2-2　25A. 每日傳票維護 - 檔頭設定

Step03 點擊「拷貝型版」，【檔身】出現預設的會計科目。

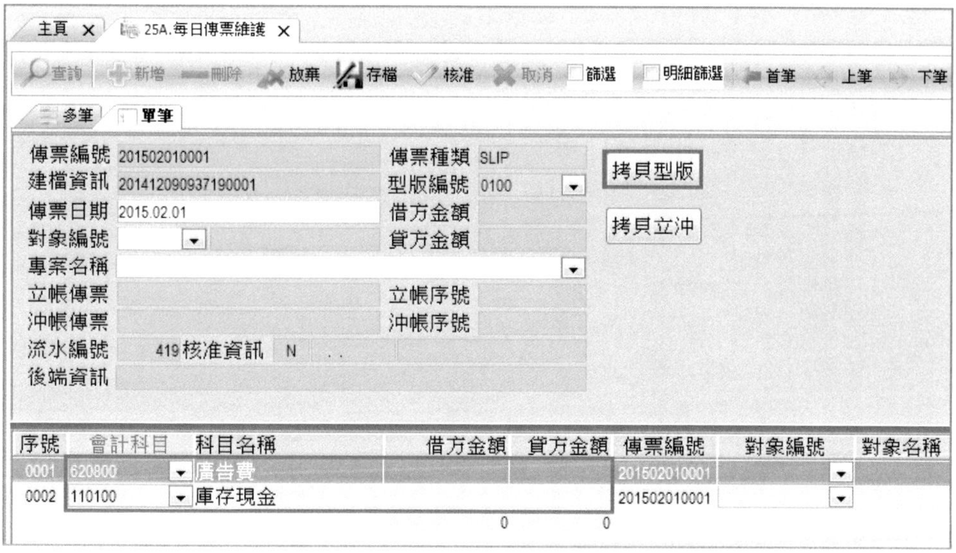

圖 6-2-3　25A. 每日傳票維護 - 拷貝型版

Step04 刊登廣告費用 $1,000，並以「庫存現金」支付；先「存檔」，再「核准」。

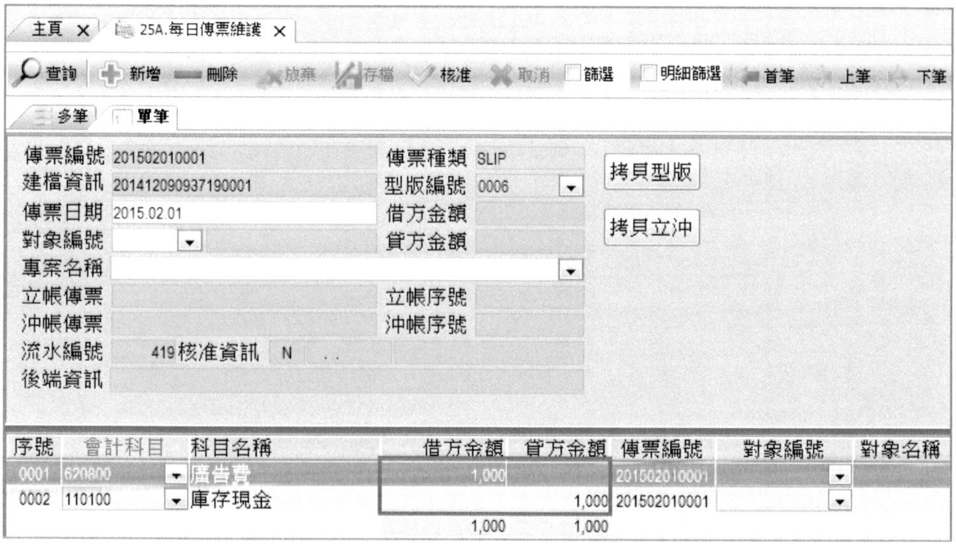

圖 6-2-4　25A. 每日傳票維護 - 檔身設定

Step05 按下「核准」後，完成傳票登入。

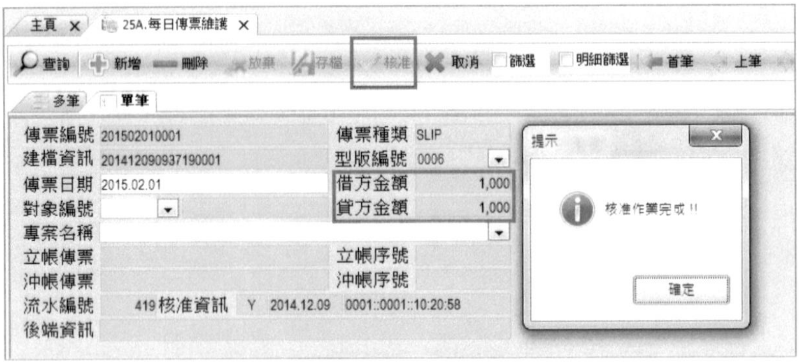

圖 6-2-5　25A. 每日傳票維護 - 核准

6-2-2 待沖傳票分析

在【12O. 待沖傳票分析】功能中，能瀏覽使用到可立沖會計科目的傳票，並且透過【25A. 每日傳票維護】功能完成立沖帳的工作。

案例 2

2015/03/01，Chris 為了替「PAPA PUFFS 泡芙專賣店」引進新的產品，特地到宜蘭出差，尋找新的合作廠商，店內預先支付 1,500 元給 Chris 使用，03/02 出差回來，Chris 僅使用 1,000 元的差旅費用，利用系統「92A. 會計科目維護」的群組設定，讓暫付款啟動自動立沖功能，透過「12O. 待沖傳票分析」可以了解傳票沖銷狀況。

表 6-1　待沖傳票分析

操作步驟	功能位置	功能選項	操作練習
一	總帳模組	92A.會計科目維護	查詢「暫付款」，確認預設「群組 10」為「25」。
二		25A.每日傳票維護	2015 年 3 月 1 日預先支付 1,500 元給店長，建立一張「暫付款」的立帳傳票。
三		25A.每日傳票維護	2015 年 3 月 2 日出差回來，回報相關支出，旅費 1,000，繳回現金 500。 新增傳票，使用「拷貝立沖」功能。 借貸平衡，完成「暫付款」的沖帳傳票。會計分錄為「借：旅費 1,000、庫存現金 500；貸：暫付款 1,500」。
四		12O.待沖傳票維護	查詢「暫付款」的立沖傳票。

▣ 操作步驟 (一)：查詢立沖科目「暫付款」。

Step01 在【總帳模組】中的【92A. 會計科目維護】，點擊「查詢」。

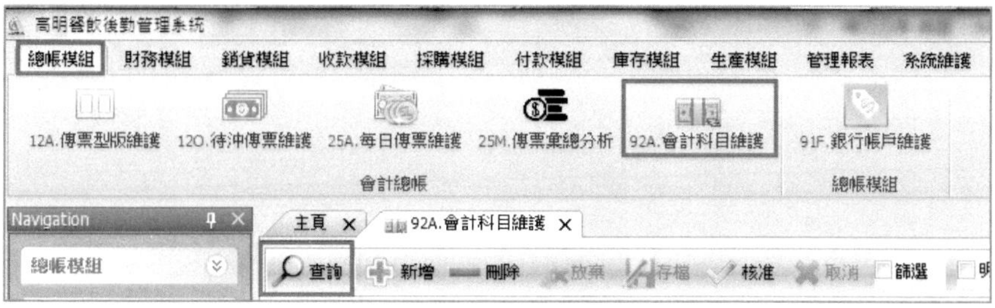

圖 6-2-6　92A. 會計科目維護 - 查詢

Step02 在「科目名稱」填入「暫付款」，點擊「開始擷取並傳回」。

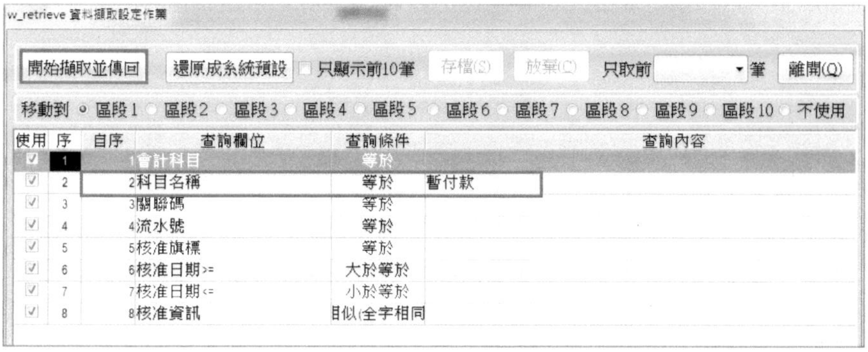

圖 6-2-7　92A. 會計科目維護 - 查詢條件

Step03 確認「暫付款」的「群組 10」預設為「25」。(預設為「25」代表，系統會自動啟動立沖功能。)

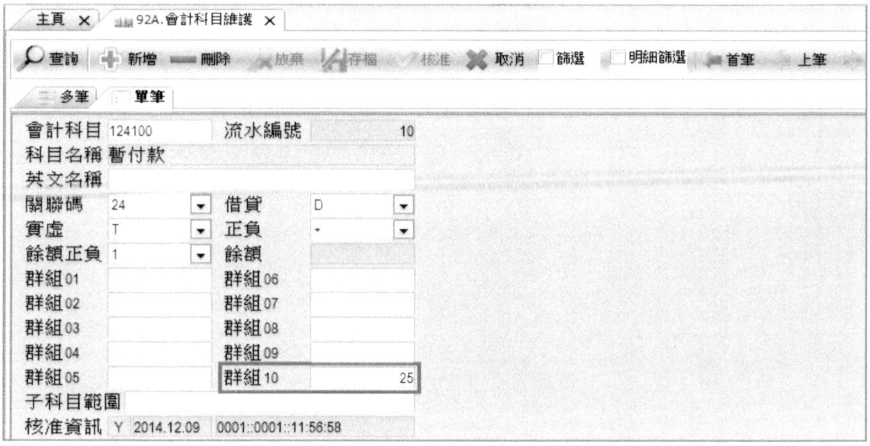

圖 6-2-8　92A. 會計科目維護 - 群組設定

▣ 操作步驟 (二)：預先支付 1,500 元給店長，新增一張傳票。

Step01 在【總帳模組】中的【25A. 每日傳票維護】，新增一筆資料。

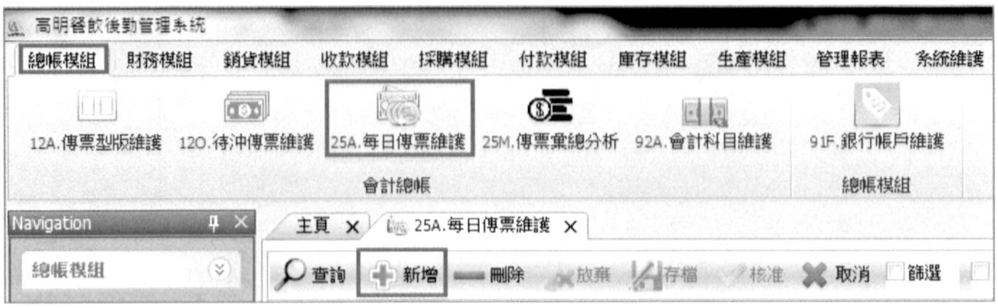

圖 6-2-9　25A. 每日傳票維護 - 新增

Step02 在「傳票日期」填入「2015.03.01」；點擊「存檔」。

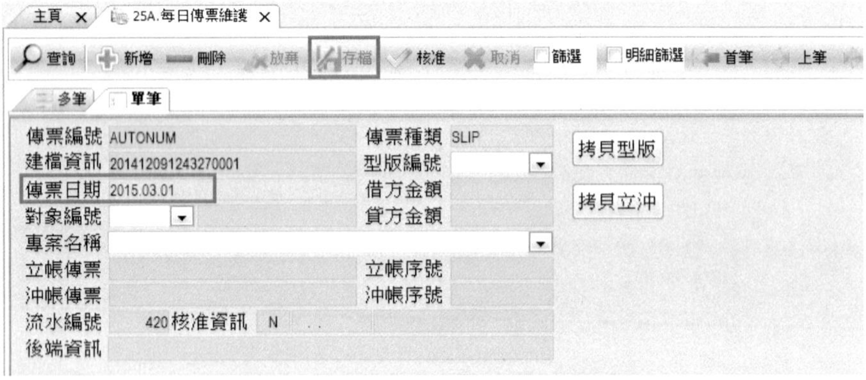

圖 6-2-10　25A. 每日傳票維護 - 檔頭設定

Step03 滑鼠游標移至【檔身】，按兩次【Insert】。

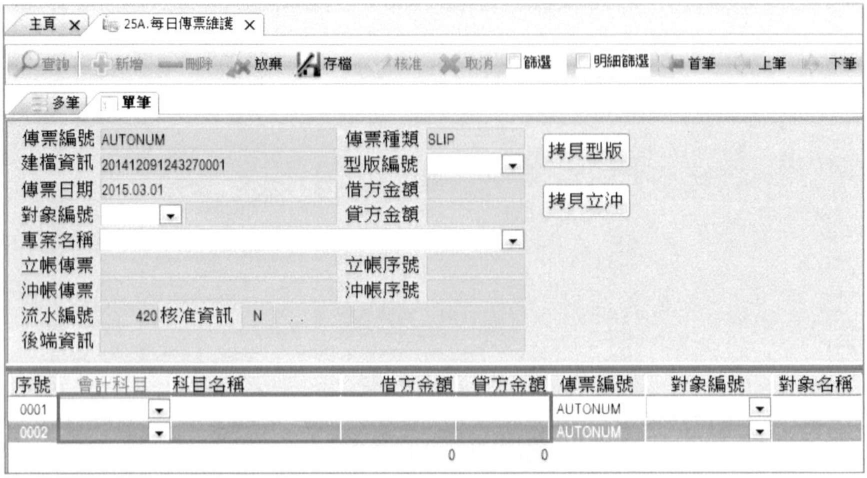

圖 6-2-11　25A. 每日傳票維護 - 檔身設定

Step04 在「會計科目」的下拉選單中，選擇「暫付款」、庫存現金。在「對象名稱」的下拉選單中，選擇「Chris」。

會計分錄為「借：暫付款 1,500；貸：庫存現金 1,500」。

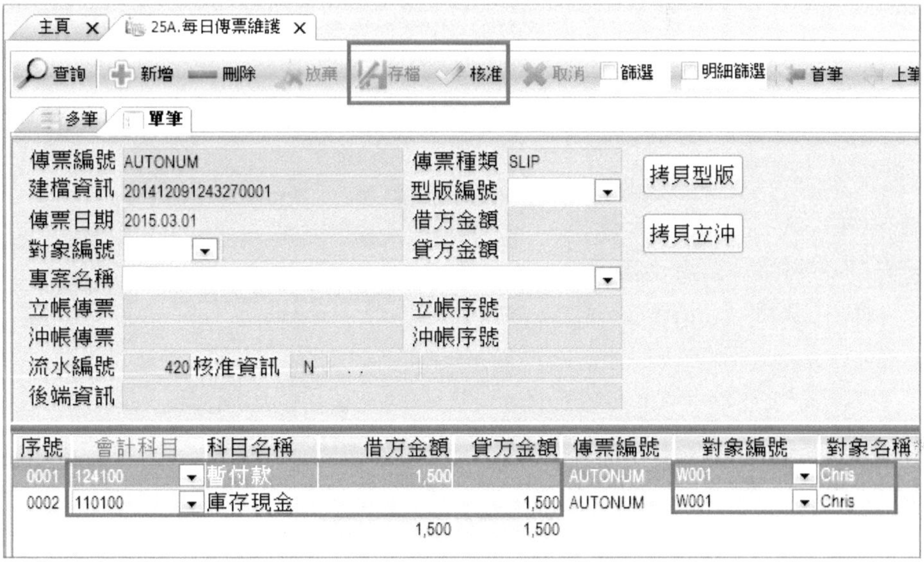

圖 6-2-12　25A. 每日傳票維護 - 檔身設定

Step05 按下「核准」後，完成「暫付款」的立帳傳票。

圖 6-2-13　25A. 每日傳票維護 - 核准

- 操作步驟 (三)：店長 Chris 在 2015 年 3 月 2 日出差回來，回報相關支出， 總計旅費 1,000 元，繳回現金 500 元。

Step01 在【總帳模組】中的【25A. 每日傳票維護】，新增一筆資料。

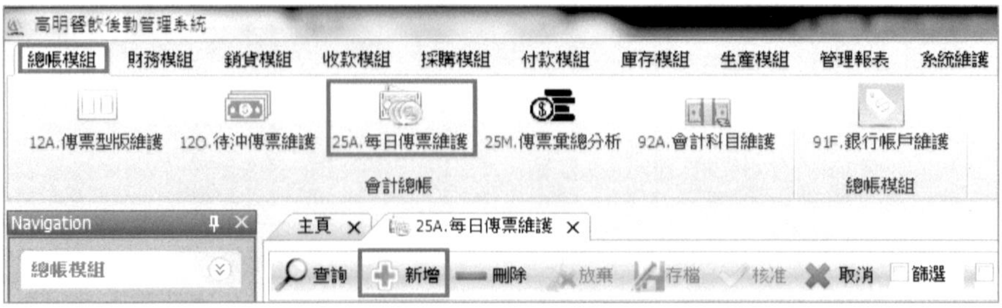

圖 6-2-14 25A. 每日傳票維護 - 新增

Step02 在「傳票日期」填入「2015.03.02」；在「對象編號」的下拉選單中，選擇「Chris」，再點擊「存檔」。

圖 6-2-15 25A. 每日傳票維護 - 檔頭設定

Step03 點擊「拷貝立沖」，【檔身】帶入待沖傳票。

會計分錄為「借：庫存現金 1,500；貸：暫付款 1,500」。

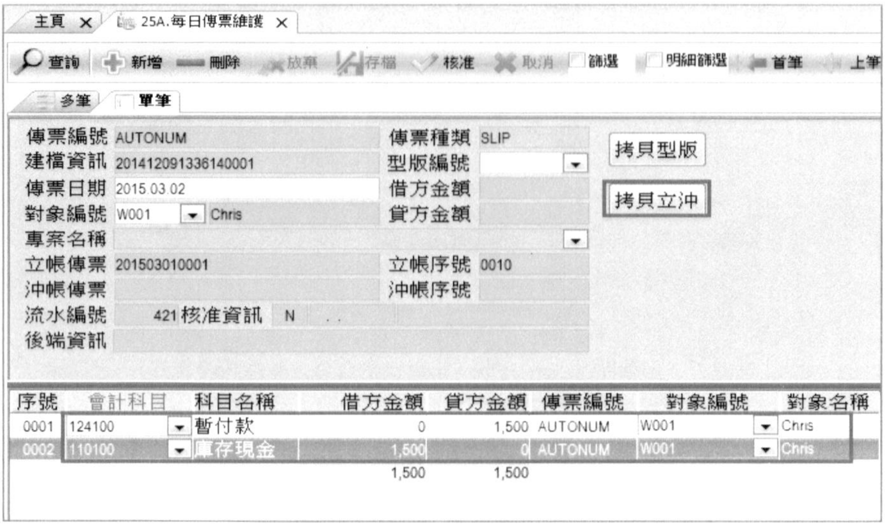

圖 6-2-16 25A. 每日傳票維護 - 檔身設定

Step04 回報出差相關支出，總計旅費 1,000 元，繳回現金 500 元。

滑鼠游標移至【檔身】，按一次【Insert】。

在「會計科目」的下拉選單中，選擇「旅費」。

會計分錄為「借：旅費 1,000、庫存現金 500；貸：暫付款 1,500」。

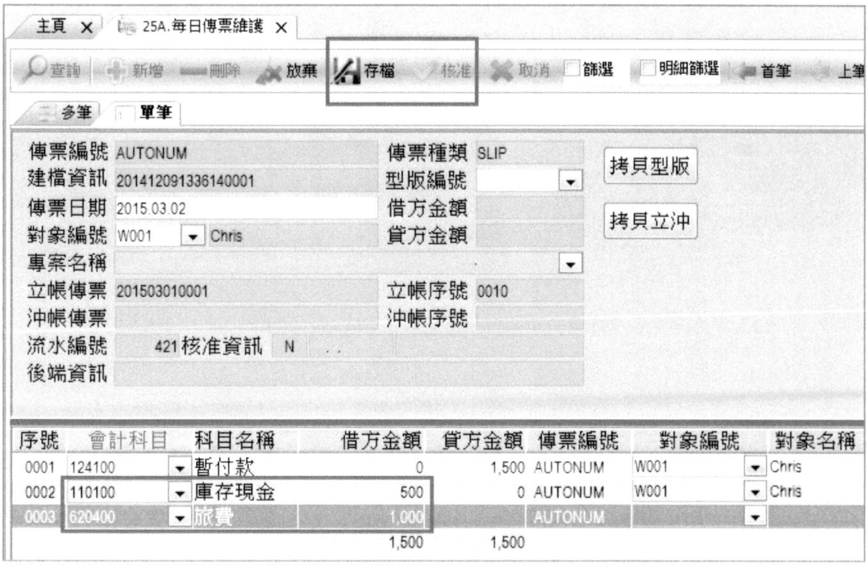

圖 6-2-17　25A. 每日傳票維護 - 檔身設定

Step05 按下「核准」後，完成「暫付款」的沖帳傳票。

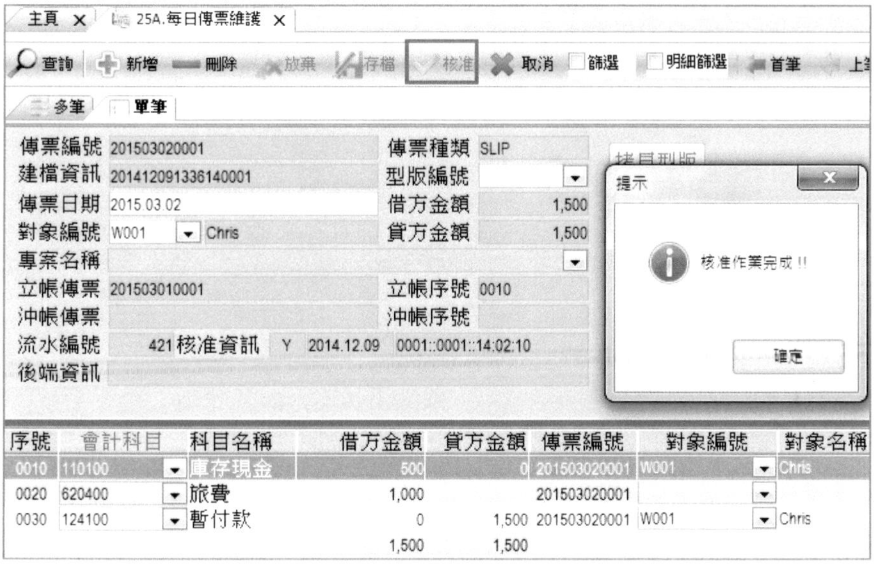

圖 6-2-18　25A. 每日傳票維護 - 核准

◻ 操作步驟 (四)：查詢「暫付款」的立帳傳票。

Step01 在【總帳模組】中的【12O. 待沖傳票分析】，點擊「查詢」。

圖 6-2-19　12O. 待沖傳票分析 - 查詢

Step02 在「科目名稱」填入「暫付款」；先「存檔」，再點擊「開始擷取並傳回」。

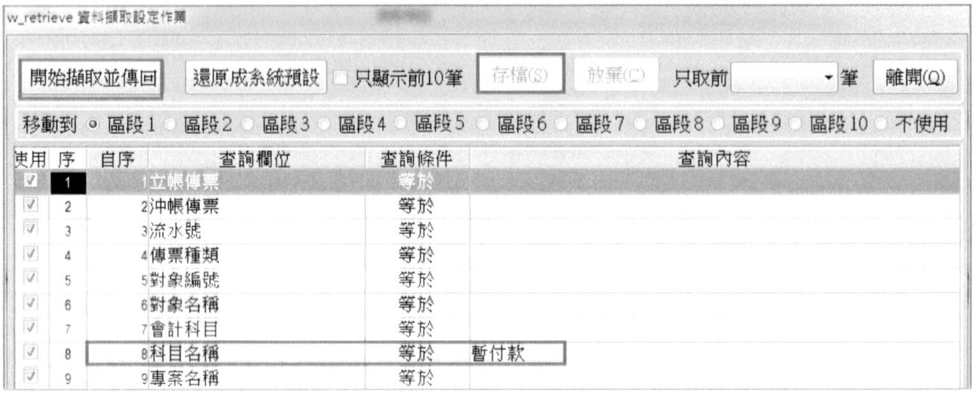

圖 6-2-20　12O. 待沖傳票分析 - 查詢條件

Step03 在【12O. 待沖傳票分析】的畫面，雙擊「立帳傳票」。

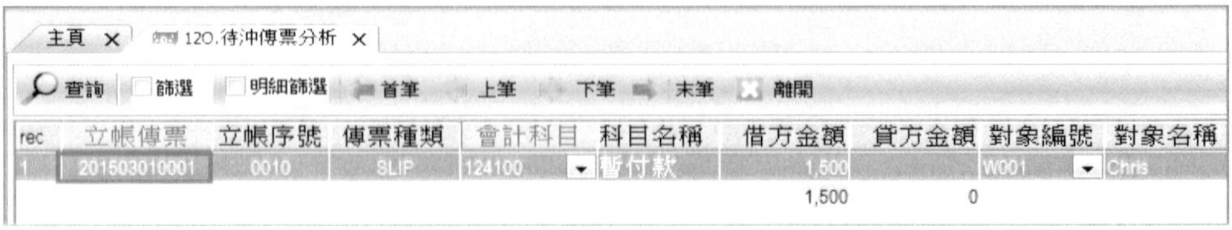

圖 6-2-21　12O. 待沖傳票分析 - 畫面

Step04 連結到【25A. 每日傳票維護】，顯示「暫付款」的立帳傳票。

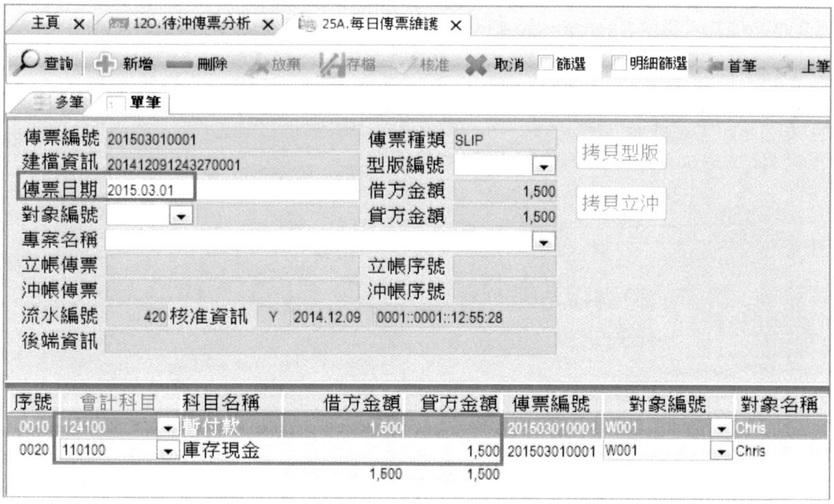

圖 6-2-22　25A. 每日傳票維護 - 立帳傳票

Step05 在【120. 待沖傳票分析】的畫面，雙擊「沖帳傳票」。

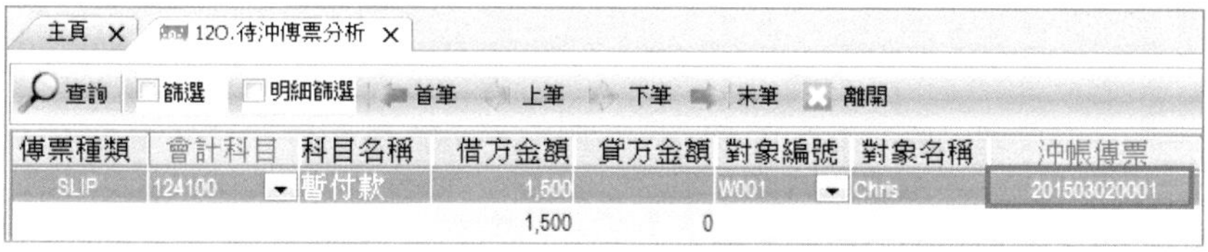

圖 6-2-23　120. 待沖傳票分析 - 畫面

Step06 連結到【25A. 每日傳票維護】，顯示「暫付款」的沖帳傳票。

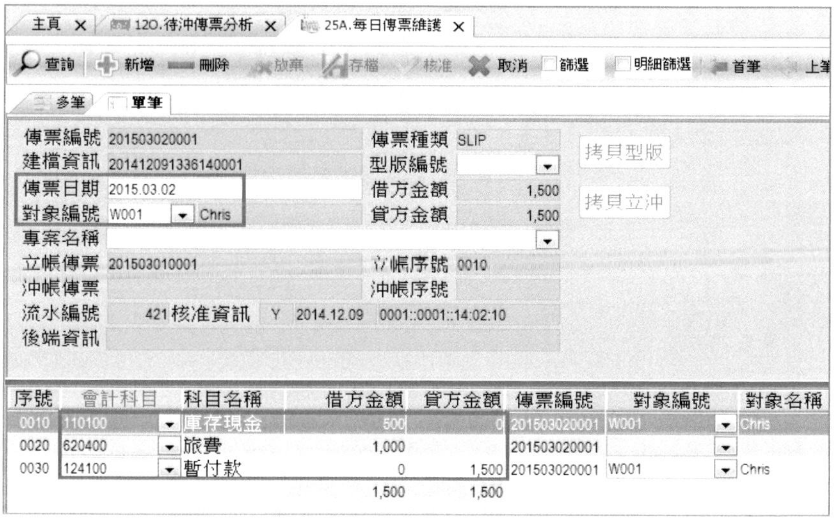

圖 6-2-24　25A. 每日傳票維護 - 沖帳傳票

6-2-3 傳票匯總分析

餐廳的會計人員可以透過【25M. 傳票匯總分析】功能，針對傳票明細內容做各種條件的擷取，包含會計科目、日期、傳票編號等等，以利會計人員查詢並分析餐廳營運狀況。

案例 3

Chris 欲了解 2014.01.01 傳票編碼為「201401010002」的交易狀況，因此使用「25M. 傳票匯總分析」查詢「銀行存款 (110200)」在「201401010002」傳票上使用之金額。

- 功能位置：【總帳模組】→【25M. 傳票匯總分析】。
- 功能說明：選擇【25M. 傳票匯總分析】，可分析傳票的科目、年月日、會計子目 (包含廠商客戶員工銀行)、對象、專案等維度的交叉分析或篩選 (也可以用 Ctrl+F9 到 EXCEL 做樞紐分析)。
- 操作練習：查詢的「銀行存款」餘額，追蹤每一筆傳票交易明細。

Step01 在【總帳模組】中的【25M. 傳票匯總分析】，點擊「查詢」。

圖 6-2-25　25M. 傳票匯總分析 - 查詢

Step02 在「會計科目」填入填入「110200」，點擊「開始擷取並傳回」。

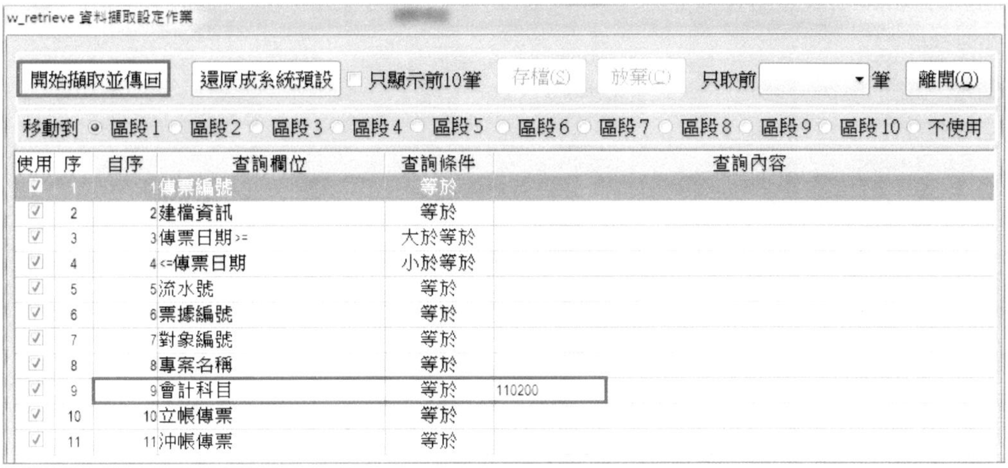

w_retrieve 資料擷取設定作業
開始擷取並傳回
還原成系統預設
只顯示前10筆
存檔(S)
放棄(C)
只取前
筆
離開(Q)
移動到 區段1 區段2 區段3 區段4 區段5 區段6 區段7 區段8 區段9 區段10 不使用
使用 序 自序 查詢欄位 查詢條件 查詢內容
1 1 傳票編號 等於
2 2 建檔資訊 等於
3 3 傳票日期>= 大於等於
4 4 <=傳票日期 小於等於
5 5 流水號 等於
6 6 票據編號 等於
7 7 對象編號 等於
8 8 專案名稱 等於
9 9 會計科目 等於 110200
10 10 立帳傳票 等於
11 11 沖帳傳票 等於

圖 6-2-26　25M. 傳票匯總分析 - 查詢條件

Step03 雙擊「傳票編碼 201401010002」。

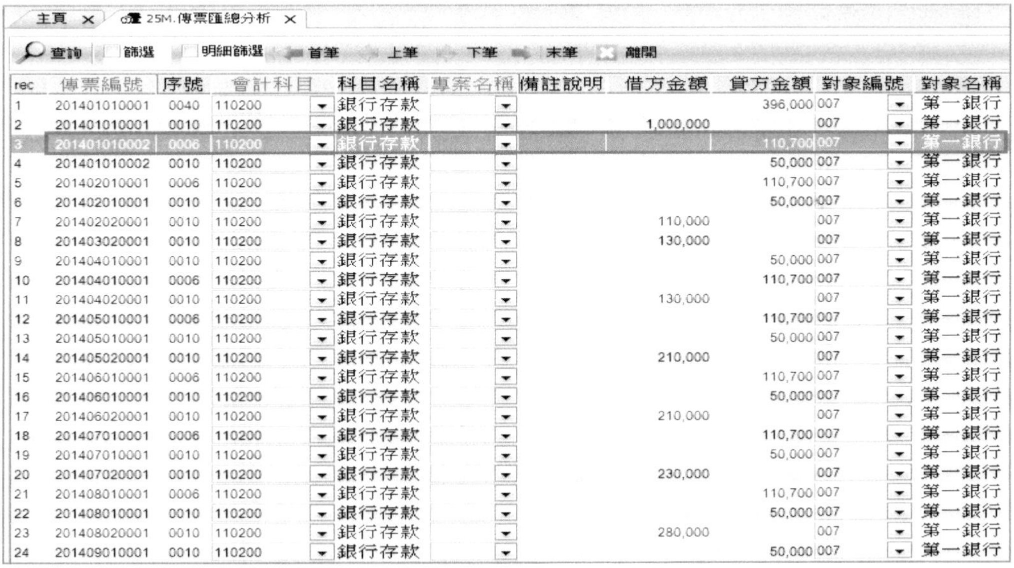

rec	傳票編號	序號	會計科目	科目名稱	專案名稱	備註說明	借方金額	貸方金額	對象編號	對象名稱
1	201401010001	0040	110200	銀行存款				396,000	007	第一銀行
2	201401010001	0010	110200	銀行存款			1,000,000		007	第一銀行
3	201401010002	0006	110200	銀行存款				110,700	007	第一銀行
4	201401010002	0010	110200	銀行存款				50,000	007	第一銀行
5	201402010001	0006	110200	銀行存款				110,700	007	第一銀行
6	201402010001	0010	110200	銀行存款				50,000	007	第一銀行
7	201402020001	0010	110200	銀行存款			110,000		007	第一銀行
8	201403020001	0010	110200	銀行存款			130,000		007	第一銀行
9	201404010001	0010	110200	銀行存款				50,000	007	第一銀行
10	201404010001	0006	110200	銀行存款				110,700	007	第一銀行
11	201404020001	0010	110200	銀行存款			130,000		007	第一銀行
12	201405010001	0006	110200	銀行存款				110,700	007	第一銀行
13	201405010001	0010	110200	銀行存款				50,000	007	第一銀行
14	201405020001	0010	110200	銀行存款			210,000		007	第一銀行
15	201406010001	0006	110200	銀行存款				110,700	007	第一銀行
16	201406010001	0010	110200	銀行存款				50,000	007	第一銀行
17	201406020001	0010	110200	銀行存款			210,000		007	第一銀行
18	201407010001	0006	110200	銀行存款				110,700	007	第一銀行
19	201407010001	0010	110200	銀行存款				50,000	007	第一銀行
20	201407020001	0010	110200	銀行存款			230,000		007	第一銀行
21	201408010001	0006	110200	銀行存款				110,700	007	第一銀行
22	201408010001	0010	110200	銀行存款				50,000	007	第一銀行
23	201408020001	0010	110200	銀行存款			280,000		007	第一銀行
24	201409010001	0010	110200	銀行存款				50,000	007	第一銀行

圖 6-2 27　25M. 傳票匯總分析 - 畫面

Step04 進入【25A. 每日傳票維護】，顯示傳票明細。

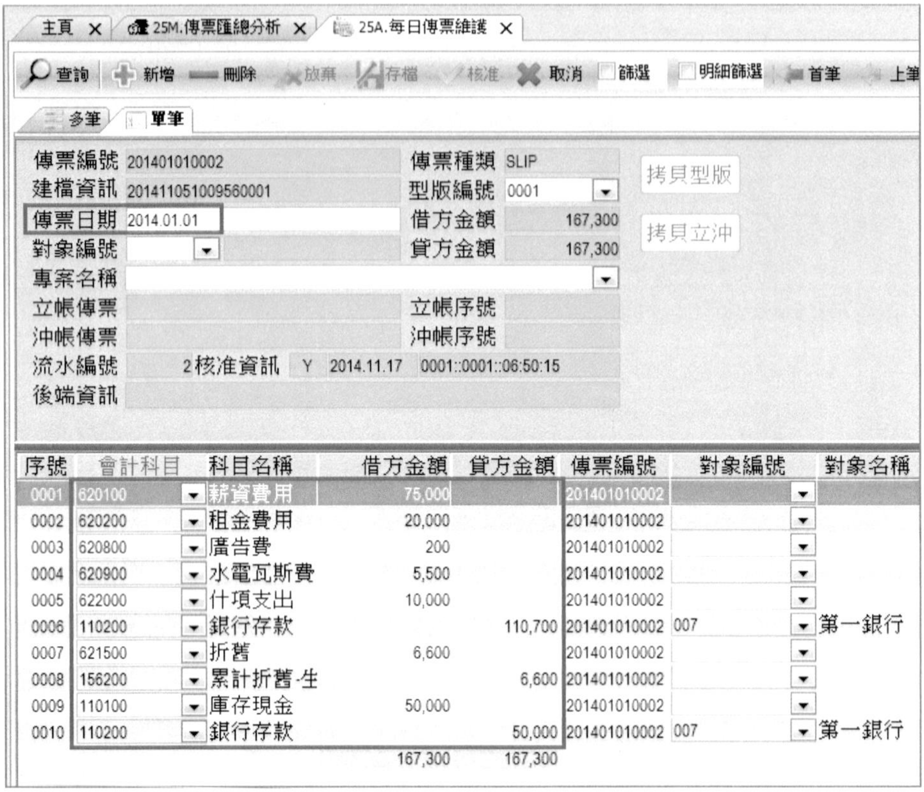

圖 6-2-28　25A. 每日傳票維護 - 傳票明細

6-3 隨堂練習

1.(　　) 請問下列哪個功能建立傳票型版？

(A) 48I. 客戶收款維護

(B) 12A. 傳票型版維護

(C) 58I. 廠商付款維護

(D) 25A. 每日傳票維護

2.(　　) 下列哪個會計科目會出現在「12O.待沖傳票分析」？

(A) 暫收款、暫付款

(B) 應收票據

(C) 應付帳款

(D) 以上皆是

3.(　　) 下列哪個會計科目最不可能在「12O.待沖傳票分析」出現？

(A) 暫付款

(B) 暫收款

(C) 預收貨款

(D) 租金費用

4.(　　) 關於「25A. 每日傳票維護」，下列何者正確？

(A) 點擊核准後，就不能有任何異動

(B) 點擊存檔後，就不能有任何異動

(C) 一定要輸入傳票版型，才可以才能存檔及核准

(D) 一定要輸入專案名稱，才可以才能存檔及核准

5.(　　)　關於「25A. 每日傳票維護」，借方金額與貸方金額是否一定要平衡？

(A) 是，一定要借貸平衡，才能存檔

(B) 是，一定要借貸平衡，才能核准

(C) 否，一樣可以存檔

(D) 看當初系統設定

6.(　　)　何者可當做傳票彙總分析的欄位？

(A) 會計科目　　(B) 專案名稱

(C) 傳票月份　　(D) 以上皆是

7.(　　)　下列何者不適合放在交叉分析表中？

(.A)　　會計科目　(B)　　序號

(C) 專案名稱　　(D) 對象編號

8.(　　)　請問在「25M. 傳票匯總分析」，如何執行交叉分析？

(A) Ctrl+F9　　(B) Ctlr+T

(C) 以上皆非　　(D) 租金費用

9.(　　)　下面哪一個科目適合設定銀行存款子科目？

(A) 庫存現金　　(B) 商品

(C) 半成品　　(D) 銀行帳戶

10.(　　) 請問哪可以看到會計科目餘額？

(A) 92A. 會計科目維護　　(B) 25M. 傳票匯總分析

(C) 以上皆是　　(D) 以上皆非

CHAPTER

07

財務分析流程

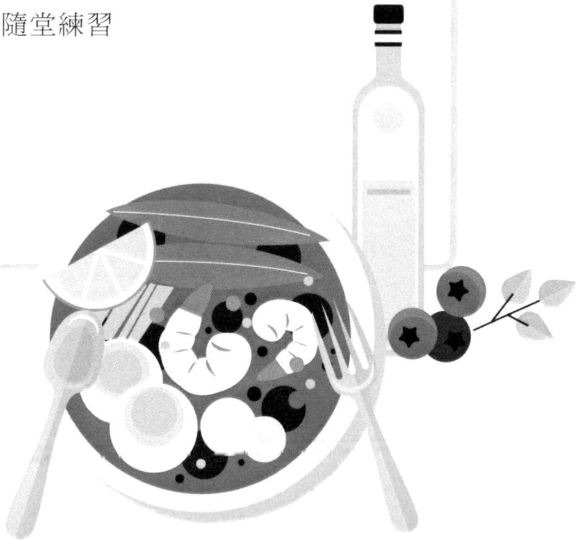

7-1 流程說明

本系統包含三大財務報表，費用、損益、資產負債表，還可以進一步分析淡旺季，我們特別規畫本期、上期、去年同期等三期的費用與損益比較，針對餐飲業常會推出促銷專案來刺激消費，也規畫出專案別損益分析，此報表不僅能分析該專案的損益表，亦能追蹤該專案所衍生的應收付帳款之入帳狀況。

表 7-1　財務分析

功能選項	功能應用
16A.年度費用分析	可對全年的費用科目做交叉分析，橫軸是 01 月到 12 月。
16C.費用同期分析	可對全年的費用科目做交叉分析，橫軸是本月，上月，去年本月的比較分析。
17A.年度損益分析	可對全年的收入、成本、費用科目做交叉分析，橫軸是 01 月到 12 月。
17C.同期損益分析	可對全年的收入、成本、費用科目做交叉分析，上月，去年本月的比較分析。
17V.專案損益分析	可依傳票之中的專案代碼彙總成資產負債表、損益、應收、應付的科目餘額。
18A.資產負債關帳	可列印資產負債表，統計的最大月份即視為關帳月份。

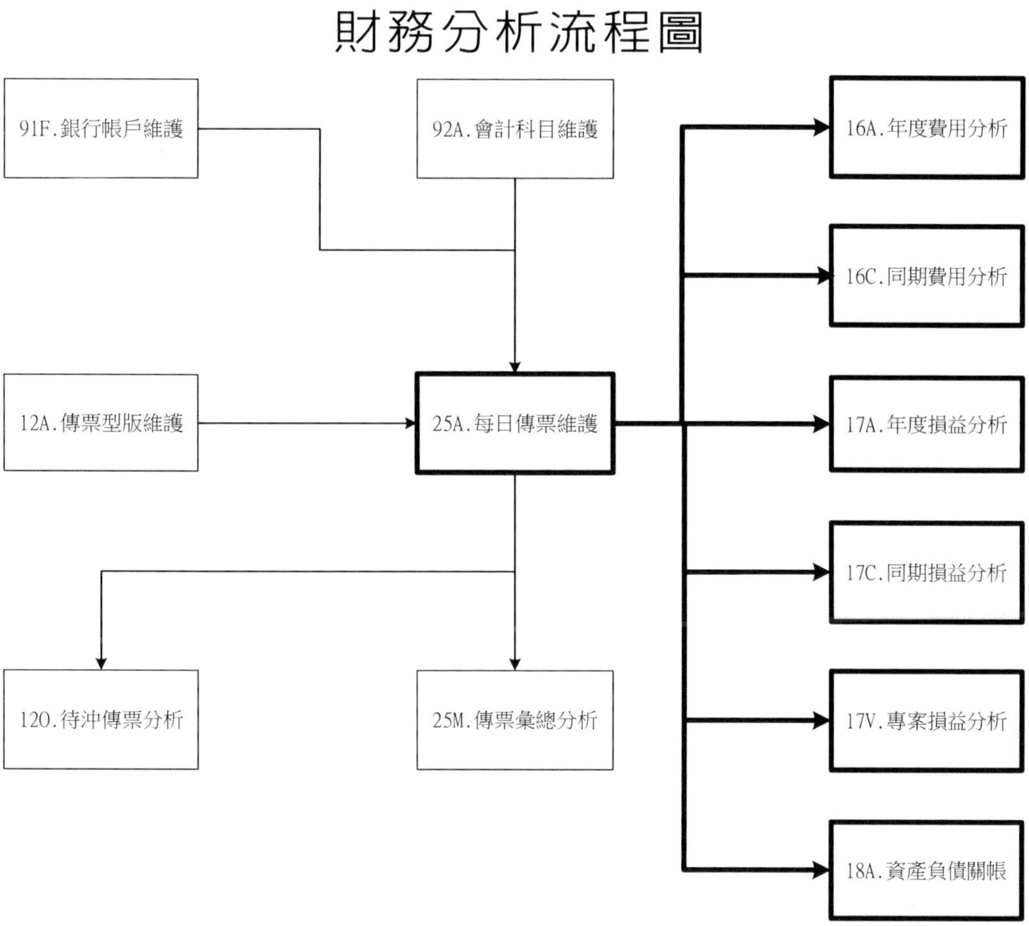

7-2 操作練習

7-2-1 年度費用分析

案例 1

為了瞭解 2014 年「PAPA PUFFS 泡芙專賣店」的年度費用支出狀況，因此利用系統功能「16A. 年度費用分析」查詢 2014 年各項費用的支出狀況，以便針較高的費用支出擬定將低費用的方針。

- 功能位置：【財務模組】→【16A. 年度費用分析】。

- 功能說明：選擇【16A. 年度費用分析】，查詢全年的費用科目的金額，雙擊任一個「會計科目」，連結到【25M. 傳票彙總分析】、【25A. 每日傳票維護】，能追蹤到相關交易明細。
- 操作練習：查詢 2014 年 1 月所有費用科目的總計金額。

Step01 在【財務模組】中的【16A. 年度費用分析】，點擊「查詢」。

圖 7-2-1　16A. 年度費用分析 - 查詢

Step02 在「起始年份」填入「2014」。

w_retrieve 資料擷取設定作業
開始擷取並傳回
還原成系統預設
只顯示前10筆
存檔(S)
放棄(C)
只取前
筆
離開(Q)
移動到
區段1
區段2
區段3
區段4
區段5
區段6
區段7
區段8
區段9
區段10
不使用
使用 序 自序 查詢欄位 查詢條件 查詢內容 欄位名稱
1 1 起始年份 等於 2014 yyyy
2 2 功能代碼 等於 menunum
3 3 流水號 等於 num
4 4 備註說明 等於 isnull(remark,gmfb.dbo.uf_null

圖 7-2-2　16A. 年度費用分析 - 查詢條件

Step03 進入【16A. 年度費用分析】畫面，按下「統計」。

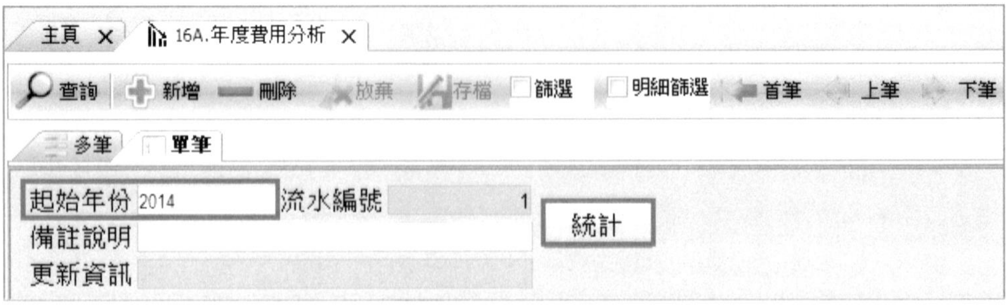

圖 7-2-3　16A. 年度費用分析 - 查詢條件

Step04 雙擊「一月」。

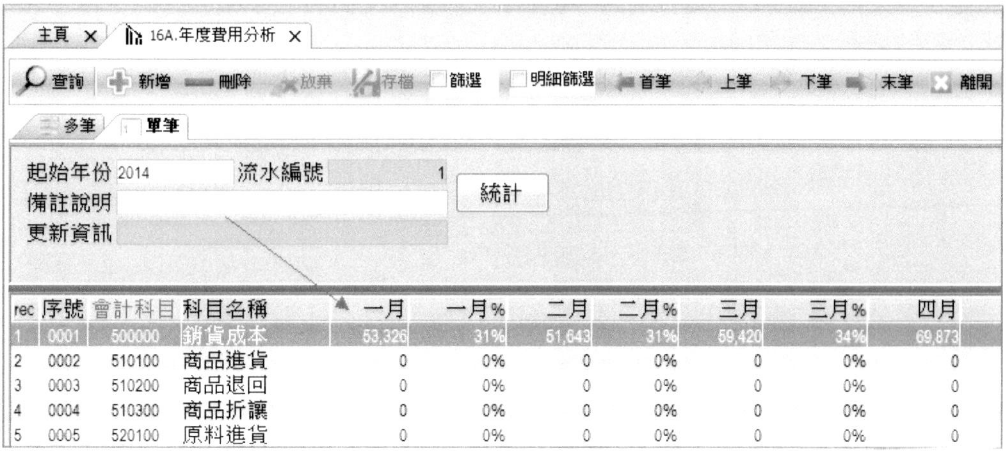

圖 7-2-4　16A. 年度費用分析 - 查詢條件

Step05 在【16A. 年度費用分析】的【檔身】，系統會自動排序，將「一月」所有費用科目的金額從小排到大。

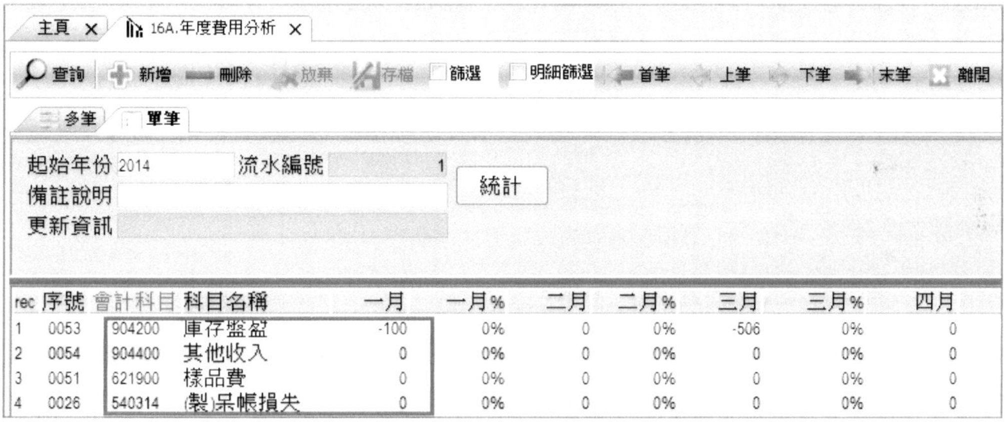

圖 7-2-5　16A. 年度費用分析 - 自動排序功能

Step06 在【檔身】最下方顯示 2014 年 1 月的費用科目金額加總，總計金額為「170,526」。

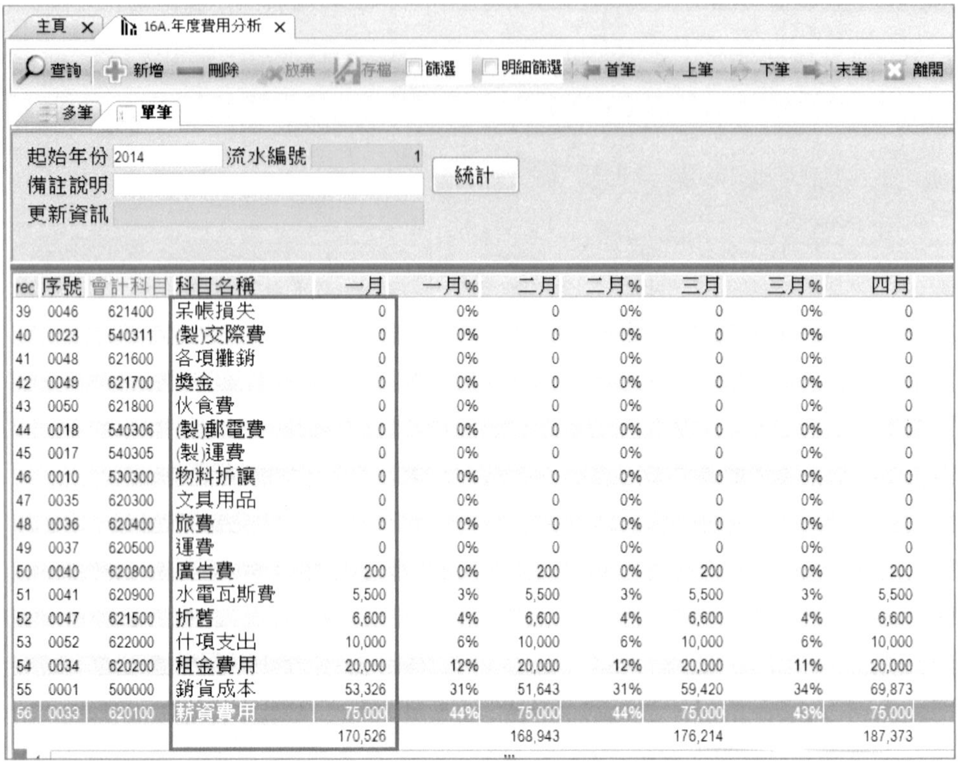

rec	序號	會計科目	科目名稱	一月	一月%	二月	二月%	三月	三月%	四月
39	0046	621400	呆帳損失	0	0%	0	0%	0	0%	0
40	0023	540311	(製)交際費	0	0%	0	0%	0	0%	0
41	0048	621600	各項攤銷	0	0%	0	0%	0	0%	0
42	0049	621700	獎金	0	0%	0	0%	0	0%	0
43	0050	621800	伙食費	0	0%	0	0%	0	0%	0
44	0018	540306	(製)郵電費	0	0%	0	0%	0	0%	0
45	0017	540305	(製)運費	0	0%	0	0%	0	0%	0
46	0010	530300	物料折讓	0	0%	0	0%	0	0%	0
47	0035	620300	文具用品	0	0%	0	0%	0	0%	0
48	0036	620400	旅費	0	0%	0	0%	0	0%	0
49	0037	620500	運費	0	0%	0	0%	0	0%	0
50	0040	620800	廣告費	200	0%	200	0%	200	0%	200
51	0041	620900	水電瓦斯費	5,500	3%	5,500	3%	5,500	3%	5,500
52	0047	621500	折舊	6,600	4%	6,600	4%	6,600	4%	6,600
53	0052	622000	什項支出	10,000	6%	10,000	6%	10,000	6%	10,000
54	0034	620200	租金費用	20,000	12%	20,000	12%	20,000	11%	20,000
55	0001	500000	銷貨成本	53,326	31%	51,643	31%	59,420	34%	69,873
56	0033	620100	薪資費用	75,000	44%	75,000	44%	75,000	43%	75,000
				170,526		168,943		176,214		187,373

圖 7-2-6　16A. 年度費用分析 -2014 年 1 月費用總計

7-2-2 年度損益分析

案例 2

Chris 想特別了解 2014 年 4 月份的各項銷貨收入明細，透過系統功能【17A. 年度損益分析】了解「PAPA PUFFS 泡芙專賣店」2014 年度的損益狀況，從中針對 4 月的銷貨收入個別深入了解。

- 功能位置：【財務模組】→【17A. 年度損益分析】
- 功能說明：選擇【17A. 年度損益分析】查詢全年的收入、成本、費用科目，雙擊任一個「會計科目」，連結到【25M. 傳票彙總分析】、【25A. 每日傳票維護】，能追蹤到相關交易明細。
- 操作練習：查詢 2014 年 4 月收入科目的總計金額。

Step01 在【財務模組】中的【17A. 年度損益分析】，點擊「查詢」。

圖 7-2-7　17A. 年度損益分析 - 查詢

Step02 在「起始年份」填入「2014」。

圖 7-2-8　17A. 年度損益分析 - 查詢條件

Step03 進入【17A. 年度損益分析】畫面，按下「統計」。

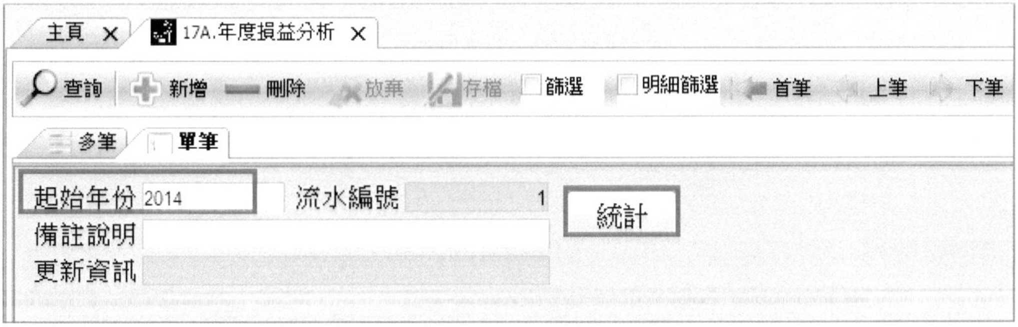

圖 7-2-9　17A. 年度損益分析 - 統計

Step04 雙擊 2014 年 4 月收入總額「195,450」。

rec	序號	會計科目	科目名稱	一月	一月%	二月	二月%	三月	三月%	四月	四月%
1	4101	410100	銷貨收入	172,600	100%	143,010	100%	186,540	100%	195,450	100%
2	4102	410200	銷貨退回	0	0%	0	0%	0	0%	0	0%
3	4103	410300	銷貨折讓	0	0%	0	0%	0	0%	0	0%
4	4999		收入	172,600	100%	143,010	100%	186,540	100%	195,450	100%
5	5000	500000	銷貨成本	53,326	31%	51,643	36%	59,420	32%	69,873	36%
6	5101	510100	商品進貨	0	0%	0	0%	0	0%	0	0%
7	5102	510200	商品退回	0	0%	0	0%	0	0%	0	0%
8	5103	510300	商品折讓	0	0%	0	0%	0	0%	0	0%
9	5201	520100	原料進貨	0	0%	0	0%	0	0%	0	0%
10	5202	520200	原料退回	0	0%	0	0%	0	0%	0	0%
11	5203	520300	原料折讓	0	0%	0	0%	0	0%	0	0%
12	5301	530100	物料進貨	0	0%	0	0%	0	0%	0	0%
13	5302	530200	物料退回	0	0%	0	0%	0	0%	0	0%
14	5303	530300	物料折讓	0	0%	0	0%	0	0%	0	0%
15	5401	540100	直接材料	0	0%	0	0%	0	0%	0	0%
16	5402	540200	直接人工	0	0%	0	0%	0	0%	0	0%
17	5403	540301	(製)薪資費用	0	0%	0	0%	0	0%	0	0%
18	5403	540302	(製)租金費用	0	0%	0	0%	0	0%	0	0%
19	5403	540303	(製)文具用品	0	0%	0	0%	0	0%	0	0%

圖 7-2-10　17A. 年度損益分析 - 統計

Step05 連結到【25M. 傳票彙總分析】，顯示 2014 年 4 月，收入的交易明細。

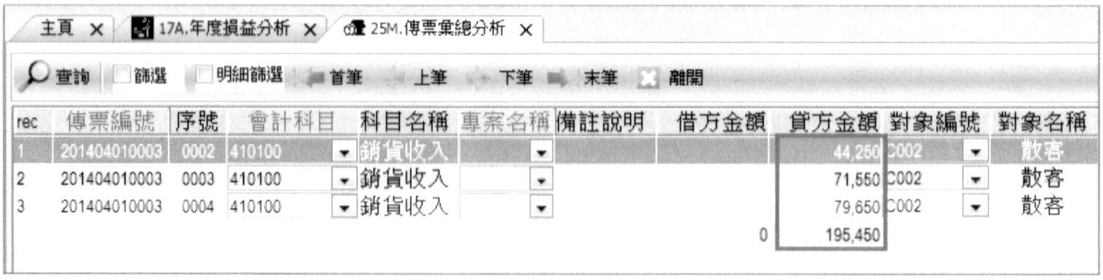

rec	傳票編號	序號	會計科目	科目名稱	專案名稱	備註說明	借方金額	貸方金額	對象編號	對象名稱
1	201404010003	0002	410100	銷貨收入				44,250	C002	散客
2	201404010003	0003	410100	銷貨收入				71,550	C002	散客
3	201404010003	0004	410100	銷貨收入				79,650	C002	散客
							0	195,450		

圖 7-2-11　17A. 年度損益分析 - 統計

Step06 雙擊「傳票編號」→「 20140410003」。

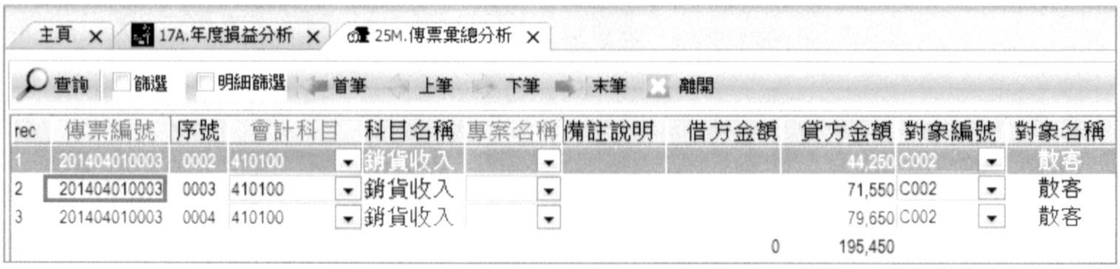

rec	傳票編號	序號	會計科目	科目名稱	專案名稱	備註說明	借方金額	貸方金額	對象編號	對象名稱
1	201404010003	0002	410100	銷貨收入				44,250	C002	散客
2	201404010003	0003	410100	銷貨收入				71,550	C002	散客
3	201404010003	0004	410100	銷貨收入				79,650	C002	散客
							0	195,450		

圖 7-2-12　17A. 年度損益分析 - 傳票編號

Step07 連結到【25A. 每日傳票維護】，顯示 2014.04.01 交易明細。

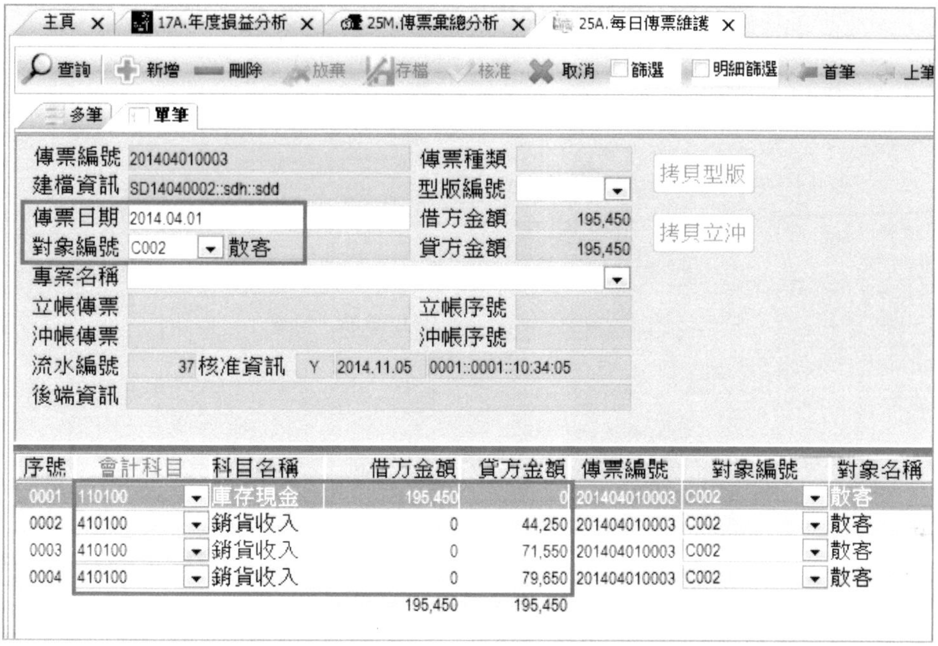

圖 7-2-13　25A. 每日傳票維護 - 交易明細

7-2-3 同期費用分析

案例 3

Chris 想比較 2015 年 2 月及 2014 年 2 月同期的銷貨成本狀況，因此利用系統「16C. 同期費用分析」之功能，比較去年同期「銷貨成本」金額。

- 功能位置：【財務模組】→【16C. 同期費用分析】。
- 功能說明：選擇【16C. 同期費用分析】，比較本期、去年同期費用科目金額。
- 操作練習：新增一筆「2015 年 2 月」的資料，比較去年同期「銷貨成本」金額。

Step01 在【財務模組】中的【16C. 費用同期分析】，新增一筆資料。

圖 7-2-14　16C. 同期費用分析 - 新增

Step02 在「起始年份」填入「2015」；在「起始月份」填入「02」。先「存檔」，再按「統計」。

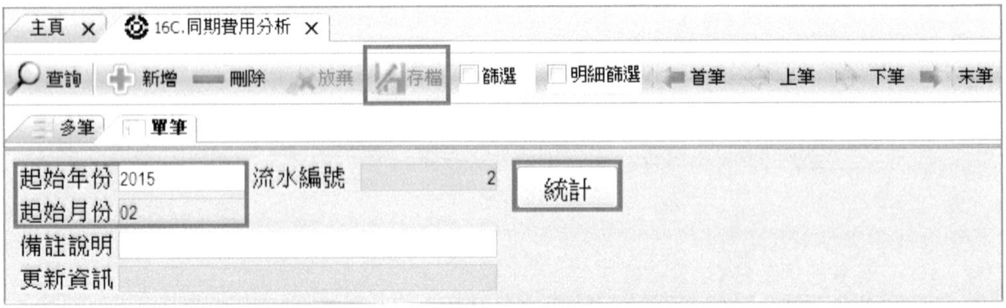

圖 7-2-15　16C. 同期費用分析 - 檔頭設定

Step03 雙擊「本期金額」欄位抬頭，係將所有費用科目的金額從大排到小，再雙擊一次則會由小到大排序。

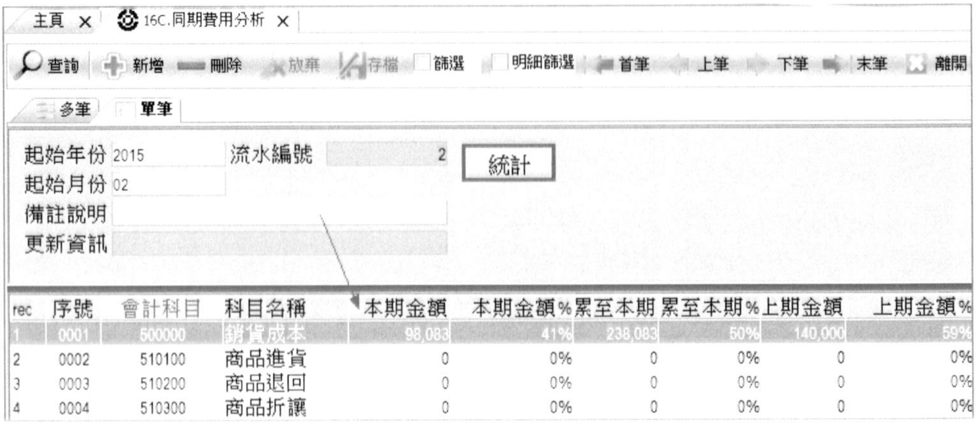

圖 7-2-16　16C. 同期費用分析 - 自動排序

Step04 在【16C. 同期費用分析】的畫面，呈現以下比較項目。

「本期金額」：2015 年 2 月的費用科目金額統計。

「累至本期」：累積 2015 年 1 月 ~2 月的費用科目金額。

「上期金額」：2015 年 1 月的費用科目金額統計。

「去年同期」：2014 年 2 月的費用科目金額統計。

「累計去年」：累積 2014 年 1 月 ~2 月的費用科目金額。

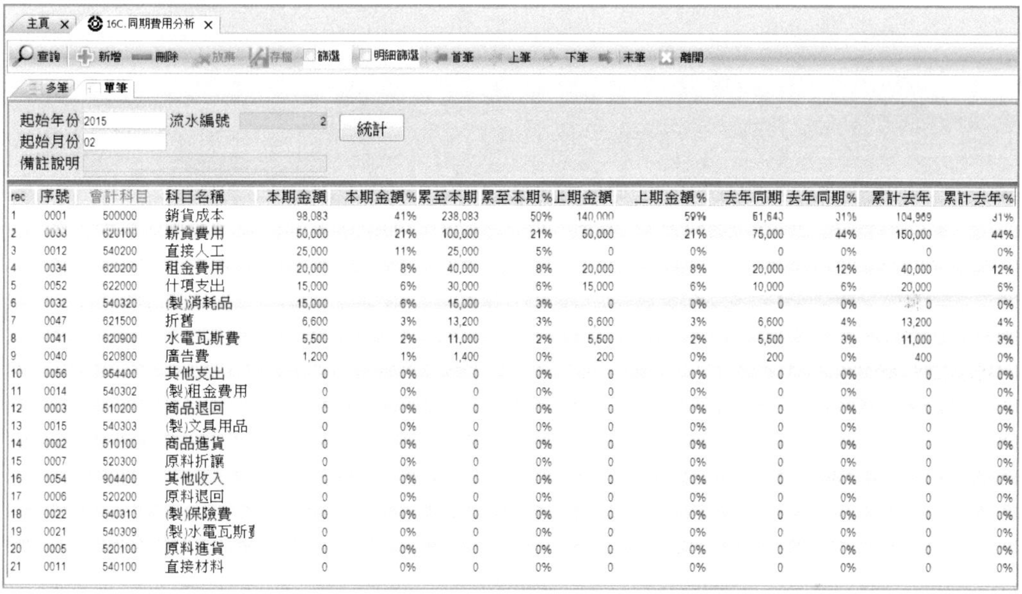

rec	序號	會計科目	科目名稱	本期金額	本期金額%	累至本期	累至本期%	上期金額	上期金額%	去年同期	去年同期%	累計去年	累計去年%
1	0001	500000	銷貨成本	98,083	41%	238,083	50%	140,000	59%	61,643	31%	104,969	31%
2	0033	620100	薪資費用	50,000	21%	100,000	21%	50,000	21%	75,000	44%	150,000	44%
3	0012	540200	直接人工	25,000	11%	25,000	5%	0	0%	0	0%	0	0%
4	0034	620200	租金費用	20,000	8%	40,000	8%	20,000	8%	20,000	12%	40,000	12%
5	0052	622000	什項支出	15,000	6%	30,000	6%	15,000	6%	10,000	6%	20,000	6%
6	0032	540320	(製)消耗品	15,000	6%	15,000	3%	0	0%	0	0%	0	0%
7	0047	621500	折舊	6,600	3%	13,200	3%	6,600	3%	6,600	4%	13,200	4%
8	0041	620900	水電瓦斯費	5,500	2%	11,000	2%	5,500	2%	5,500	3%	11,000	3%
9	0040	620800	廣告費	1,200	1%	1,400	0%	200	0%	200	0%	400	0%
10	0056	954400	其他支出	0	0%	0	0%	0	0%	0	0%	0	0%
11	0014	540302	(製)租金費用	0	0%	0	0%	0	0%	0	0%	0	0%
12	0003	510200	商品退回	0	0%	0	0%	0	0%	0	0%	0	0%
13	0015	540303	(製)文具用品	0	0%	0	0%	0	0%	0	0%	0	0%
14	0002	510100	商品進貨	0	0%	0	0%	0	0%	0	0%	0	0%
15	0007	520300	原料折讓	0	0%	0	0%	0	0%	0	0%	0	0%
16	0054	904400	其他收入	0	0%	0	0%	0	0%	0	0%	0	0%
17	0006	520200	原料退回	0	0%	0	0%	0	0%	0	0%	0	0%
18	0022	540310	(製)保險費	0	0%	0	0%	0	0%	0	0%	0	0%
19	0021	540309	(製)水電瓦斯費	0	0%	0	0%	0	0%	0	0%	0	0%
20	0005	520100	原料進貨	0	0%	0	0%	0	0%	0	0%	0	0%
21	0011	540100	直接材料	0	0%	0	0%	0	0%	0	0%	0	0%

圖 7-2-17　16C. 同期費用分析 - 完成畫面

Step05 當「起始年月」為「2015 年 2 月」，以「銷貨成本」科目來看。

「本期金額 98,083」：代表 2015 年 2 月的「銷貨成本」總計。

「上期金額 140,000」：代表 2015 年 1 月的「銷貨成本」總計。

「累至本期」＝「本期金額」+「上期金額」

238,083 = 98,083 + 140,000

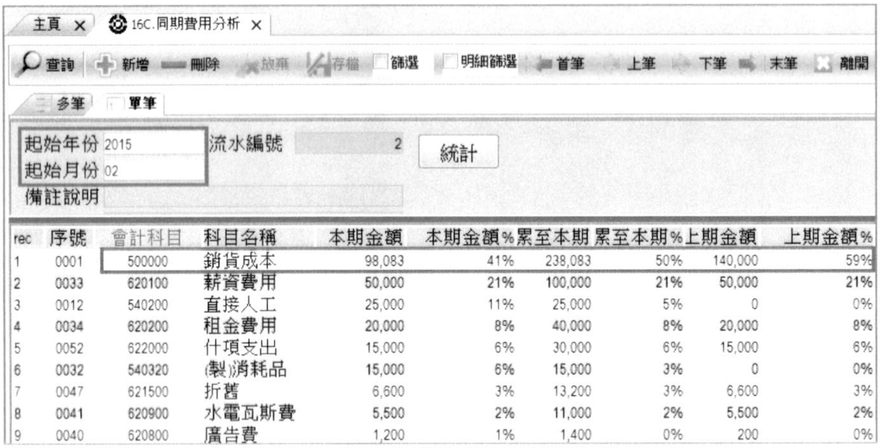

rec	序號	會計科目	科目名稱	本期金額	本期金額%	累至本期	累至本期%	上期金額	上期金額%
1	0001	500000	銷貨成本	98,083	41%	238,083	50%	140,000	59%
2	0033	620100	薪資費用	50,000	21%	100,000	21%	50,000	21%
3	0012	540200	直接人工	25,000	11%	25,000	5%	0	0%
4	0034	620200	租金費用	20,000	8%	40,000	8%	20,000	8%
5	0052	622000	什項支出	15,000	6%	30,000	6%	15,000	6%
6	0032	540320	(製)消耗品	15,000	6%	15,000	3%	0	0%
7	0047	621500	折舊	6,600	3%	13,200	3%	6,600	3%
8	0041	620900	水電瓦斯費	5,500	2%	11,000	2%	5,500	2%
9	0040	620800	廣告費	1,200	1%	1,400	0%	200	0%

圖 7-2-18　16C. 同期費用分析 - 銷貨成本

Step06 當「起始年月」為「2015 年 2 月」，以「銷貨成本」科目來看。

「去年同期 51,643」：代表 2014 年 2 月的「銷貨成本」總計。

「累計去年 104,969」：代表 2014 年 1~2 月的「銷貨成本」累計。

所以在「銷貨成本」方面，「2015 年 2 月」比去年同期 (2014 年 2 月) 增加許多。

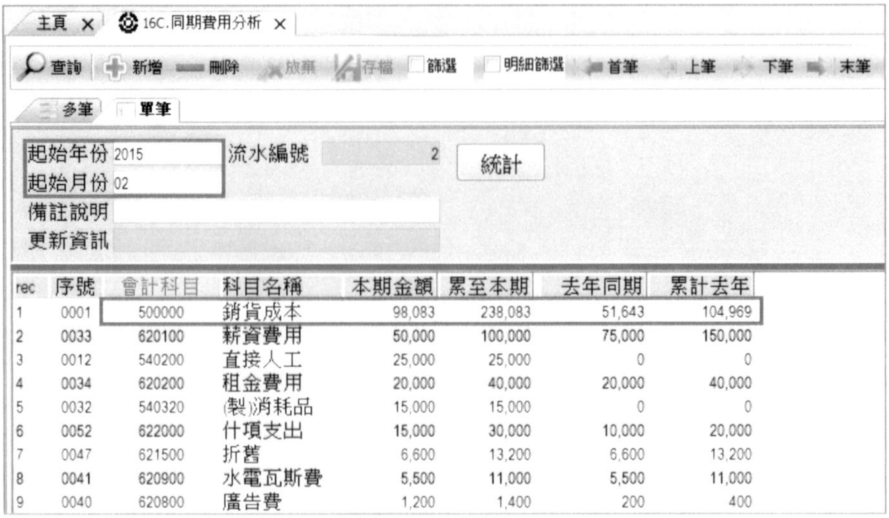

rec	序號	會計科目	科目名稱	本期金額	累至本期	去年同期	累計去年
1	0001	500000	銷貨成本	98,083	238,083	51,643	104,969
2	0033	620100	薪資費用	50,000	100,000	75,000	150,000
3	0012	540200	直接人工	25,000	25,000	0	0
4	0034	620200	租金費用	20,000	40,000	20,000	40,000
5	0032	540320	(製)消耗品	15,000	15,000	0	0
6	0052	622000	什項支出	15,000	30,000	10,000	20,000
7	0047	621500	折舊	6,600	13,200	6,600	13,200
8	0041	620900	水電瓦斯費	5,500	11,000	5,500	11,000
9	0040	620800	廣告費	1,200	1,400	200	400

圖 7-2-19　16C. 同期費用分析 - 檔身

7-2-4 同期損益分析

案例 4

除了比較同期銷貨成本外，亦比較 2015 年 2 月、2014 年 2 月的銷貨收入，以了解「PAPA PUFFS 泡芙專賣店」的經營狀況。

- 功能位置：【財務模組】→【17C. 同期損益分析】。
- 功能說明：選擇【17C. 同期損益分析】，比較本期、去年同期收入、成本、費用科目金額。
- 操作練習：新增一筆「2015 年 2 月」的資料，比較去年同期「銷貨收入」金額。

Step01 在【財務模組】中的【17C. 同期損益分析】，新增一筆資料。

圖 7-2-20　17C. 同期損益分析 - 新增

Step02 在「起始年份」填入「2015」；在「起始月份」填入「02」。先「存檔」，再按「統計」。

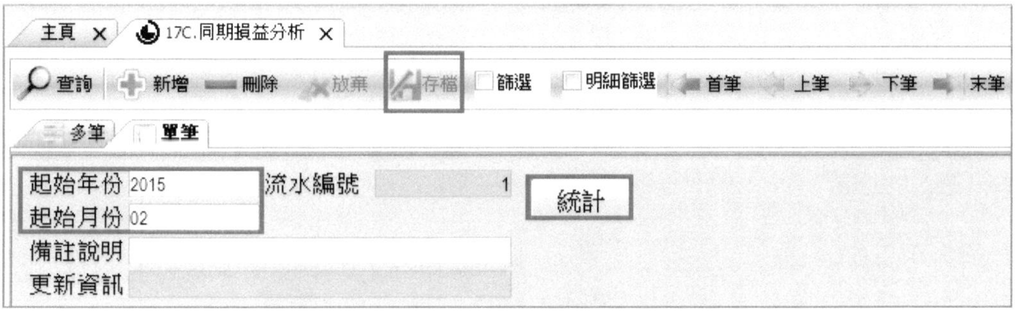

圖 7-2-21　17C. 同期損益分析 - 檔頭設定

Step03 雙擊「本期金額」欄位抬頭，係將所有損益科目的金額從大排到小，再雙擊一次則會由小到大排序。

圖 7-2-22　17C. 同期損益分析 - 自動排序

Step04 在【17C. 同期損益分析】的畫面，呈現收入、成本、費用科目金額總計。

「本期金額」：2015 年 2 月的科目金額統計。

「累至本期」：累積 2015 年 1 月 ~2 月的科目金額。

「上期金額」：2015 年 1 月的科目金額統計。

「去年同期」：2014 年 2 月的科目金額統計。

「累計去年」：累積 2014 年 1 月 ~2 月的科目金額。

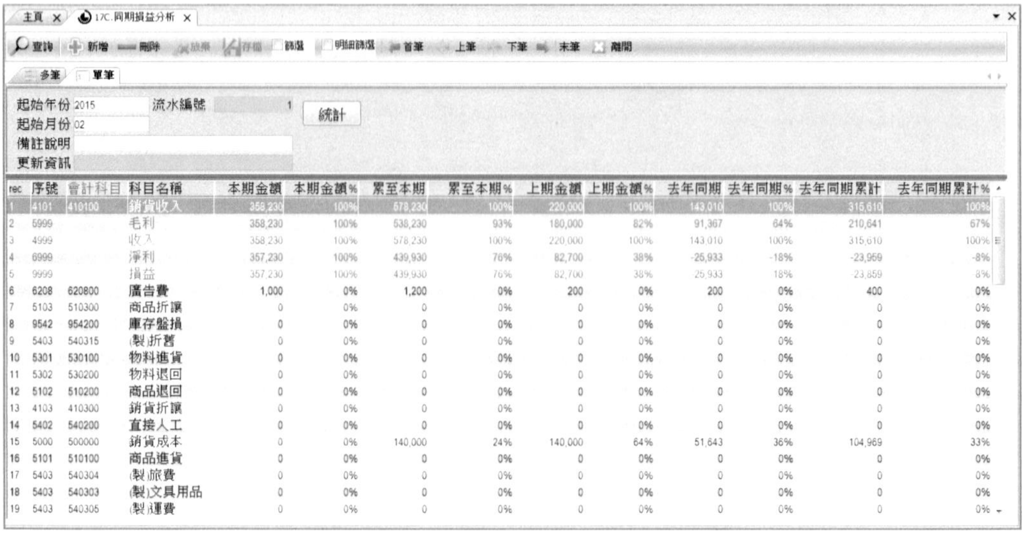

圖 7-2-23　17C. 同期損益分析 - 完整畫面

Step05 當「起始年月」為「2015 年 2 月」，以「銷貨收入」科目來看。

「本期金額 358,230」：代表 2015 年 2 月的「銷貨收入」總計。

「上期金額 220,000」：代表 2015 年 1 月的「銷貨收入」總計。

「累至本期」＝「本期金額」+「上期金額」

578,230 = 220,000 + 358,230

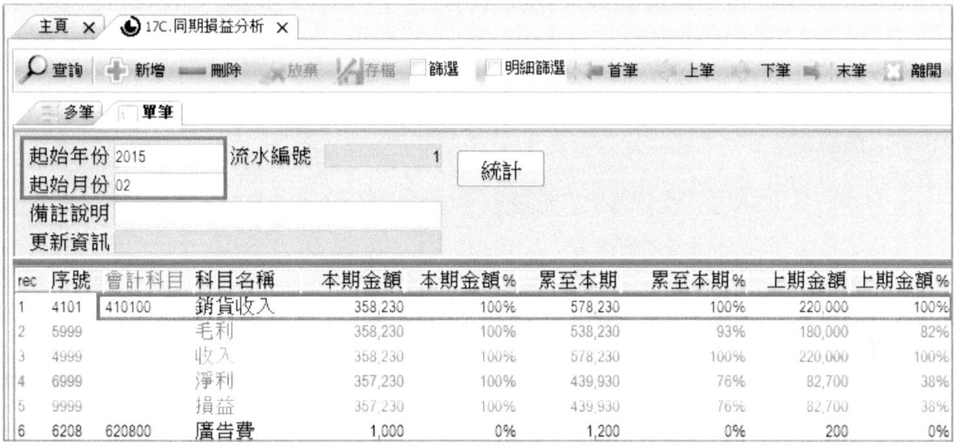

rec	序號	會計科目	科目名稱	本期金額	本期金額%	累至本期	累至本期%	上期金額	上期金額%
1	4101	410100	銷貨收入	358,230	100%	578,230	100%	220,000	100%
2	5999		毛利	358,230	100%	538,230	93%	180,000	82%
3	4999		收入	358,230	100%	578,230	100%	220,000	100%
4	6999		淨利	357,230	100%	439,930	76%	82,700	38%
5	9999		損益	357,230	100%	439,930	76%	82,700	38%
6	6208	620800	廣告費	1,000	0%	1,200	0%	200	0%

圖 7-2-24　17C. 同期損益分析 - 銷貨收入

Step06 當「起始年月」為「2015 年 2 月」，以「銷貨收入」科目來看。

「去年同期 143,010」：代表 2014 年 2 月的「銷貨收入」總計。

「累計去年 315,610」：代表 2014 年 1~2 月的「銷貨收入」累計。

所以在「銷貨收入」方面，「2015 年 2 月」比去年同期 (2014 年 2 月) 增加許多。

序號	會計科目	科目名稱	本期金額	累至本期	去年同期	累計去年
4101	410100	銷貨收入	358,230	578,230	143,010	315,610
4999		收入	358,230	578,230	143,010	315,610
5999		毛利	220,147	300,147	91,367	210,641
6999		淨利	121,847	104,547	-25,933	-23,959
9999		損益	121,847	104,547	-25,933	-23,859

圖 7-2-25　17C. 同期損益分析 - 檔身 (改圖)

7-2-5 資產負債關帳

本系統在【18A. 資產負債關帳】功能中，除了可以查看每月的資產負債表之外，也特別設計「逐月關帳」功能，將逐月資產負債表一次關帳。由於資產負債表上的資料是從開業以來累計至統計月份，所以若餐廳會計人員對過去資料有所調整，不必再將每個月各別關帳，而可以透過「逐月關帳」功能，快速將所有月份一次關帳，統計出調整過後的資產負債表。

案例 5

利用系統「18A. 資產負債關帳」功能查看「PAPA PUFFS 泡芙專賣店」2014 年度 12 月的資產負債。

- 功能位置：【財務模組】→【18A. 資產負債關帳】。
- 功能說明：選擇【18A. 資產負債關帳】，可以查看每個月的資產負債。
- 操作練習：新增一筆「2014 年 12 月的資產負債表」。

Step01 在【財務模組】中的【18A. 資產負債關帳】，點選「查詢」。

圖 7-2-26　18A. 資產負債關帳 - 查詢

Step02 在「年度月份」填入「2014/12」，點擊「開始擷取並傳回」。

圖 7-2-27　18A. 資產負債關帳 - 查詢條件

Step03 按下「統計」，系統自動產生 2014 年 12 月的「資產負債表」。

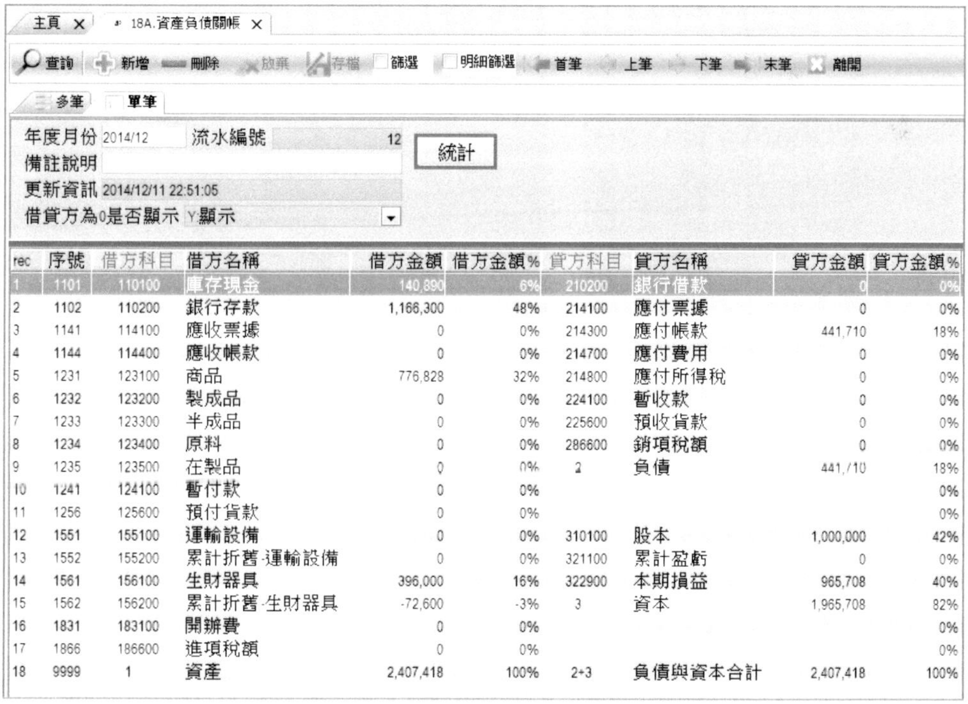

rec	序號	借方科目	借方名稱	借方金額	借方金額%	貸方科目	貸方名稱	貸方金額	貸方金額%
1	1101	110100	庫存現金	140,890	6%	210200	銀行借款	0	0%
2	1102	110200	銀行存款	1,166,300	48%	214100	應付票據	0	0%
3	1141	114100	應收票據	0	0%	214300	應付帳款	441,710	18%
4	1144	114400	應收帳款	0	0%	214700	應付費用	0	0%
5	1231	123100	商品	776,828	32%	214800	應付所得稅	0	0%
6	1232	123200	製成品	0	0%	224100	暫收款	0	0%
7	1233	123300	半成品	0	0%	225600	預收貨款	0	0%
8	1234	123400	原料	0	0%	286600	銷項稅額	0	0%
9	1235	123500	在製品	0	0%	2	負債	441,710	18%
10	1241	124100	暫付款	0	0%				0%
11	1256	125600	預付貨款	0	0%				0%
12	1551	155100	運輸設備	0	0%	310100	股本	1,000,000	42%
13	1552	155200	累計折舊-運輸設備	0	0%	321100	累計盈虧	0	0%
14	1561	156100	生財器具	396,000	16%	322900	本期損益	965,708	40%
15	1562	156200	累計折舊-生財器具	-72,600	-3%	3	資本	1,965,708	82%
16	1831	183100	開辦費	0	0%				0%
17	1866	186600	進項稅額	0	0%				0%
18	9999	1	資產	2,407,418	100%	2+3	負債與資本合計	2,407,418	100%

圖 7-2-28　18A. 資產負債關帳 - 統計

7-3 隨堂練習

1.(　　) 下列哪項功能無法查詢到2014年1月的薪資費用？

(A) 16A. 年度費用分析

(B) 17A. 年度損益分析

(C) 25M. 傳票匯總分析

(D) 18A. 資產負債關帳

2.(　　) 請問下列功能選項中，何者不能查詢銷貨收入科目？

(A) 16A. 年度費用分析

(B) 17A. 年度損益分析

(C) 25M. 傳票匯總分析

(D) 92A. 會計科目維護

3.(　　) 在「16C.同期費用分析」查詢2014年與2013年費用的比較，請問查詢條件中，年份需要設定多少？

(A) 2015　　(B) 2014

(C) 2013　　(D) 2012

4.(　　) 下列何者不是「16C. 同期費用分析」可以分析的金額？

(A) 本期金額　　(B) 下期金額

(C) 上期金額　　(D) 以上皆非

5.(　　) 下列何者是「17C. 同期損益分析」的項目？

(A) 本期金額　　(B) 累至本期

(C) 上期金額　　(D) 以上皆是

6.(　　)　請問下列哪項會計科目不會出現在「17A. 年度損益分析」？

(A) 庫存現金　　(B) 郵電費

(C) 薪資支出　　(D) 銷貨成本

7.(　　)　請問下列哪項會計科目不會出現在「17C. 同期損益分析」？

(A) 應付票據　　(B) 文具用品

(C) 折舊　　(D) 以上皆非

8.(　　)　如何利用「18A. 資產負債關帳」查詢2014年期初的餘額？

(A) 年度月份設為2014/12

(B) 年度月份設為2014/01

(C) 年度月份設為2013/12

(D) 年度月份設為2014/02

9.(　　)　在「18A. 資產負債關帳」查詢「年度月份」為「201409」的資料，請問系統會自動抓取哪段期間的資料？

(A) 顯示2014年9月份全部資料

(B) 顯示開業到2014年9月期間的全部資料

(C) 顯示2014年7月~2014年9月期間的資料

(D) 顯示2014年9月~2014年12月期間的資料

10.(　　) 請問下列哪一個功能可以執行會計關帳作業？

(A) 54A. 廠商進貨維護

(B) 18A. 資產負債關帳

(C) 85B. 進耗存別關帳

(D) 25A. 每日傳票維護

CHAPTER

08

管理報表流程

8-1 流程說明

本系統「管理報表」的功能，協助餐飲業者運用「進價差異分析」掌握材料漲跌狀況，並有效控管成本。而 ABC 分析則是在眾多商品與材料之中，如何抓住重點管理的利器。另 RFM 分析可以得知客戶的重要等級和對廠商的依賴程度。而庫齡與成本與市價分析都是在評價公司庫存的價值。

表 8-1　管理報表

功能選項	功能應用
10B.進價差異分析	以指定月份比較同一商品或材料，最近二次的價格差異。
10F.廠商RFM分析	分析廠商採購的三大行為，最近一次採購 (Recency)，採購頻率 (Frequency)，採購金額 (Monetary) 等。
10M.客戶RFM分析	分析客戶購買的三大行為，最近一次消費 (Recency)，消費頻率 (Frequency)，消費金額 (Monetary) 等。
10N.商品ABC分析	分析商品的重要性等級。

Tips

【10L. 材料 ABC 分析】與【85G. 成本市價分析】並不在本書討論範圍，讀者仍可自行研習。

8-2 操作練習

8-2-1 進貨差價分析

在【10B. 進價差異分析】功能中，不僅能比較本次與前次商品的進貨成本，也能比較進貨數量，讓餐廳管理人可以掌握價格漲幅程度與進貨情形，從分析報告中得知餐廳營運狀況，並採取相對應的經營策略。

案例 1

為了提高「PAPA PUFFS 泡芙專賣店」的銷售利潤，使用【10B. 進價差異分析】瞭解商品的進貨成本、採購價格的漲幅程度。

- 功能位置：【管理報表】→【10B. 進價差異分析】
- 功能說明：選擇【10B. 進價差異分析】，比較前一次進貨價格、價格漲幅。
- 操作練習：查詢 2017 年 2 月的最後一次進貨單價、漲幅。

Step01 在【管理報表】中的【10B. 進價差異分析】，新增一筆資料。

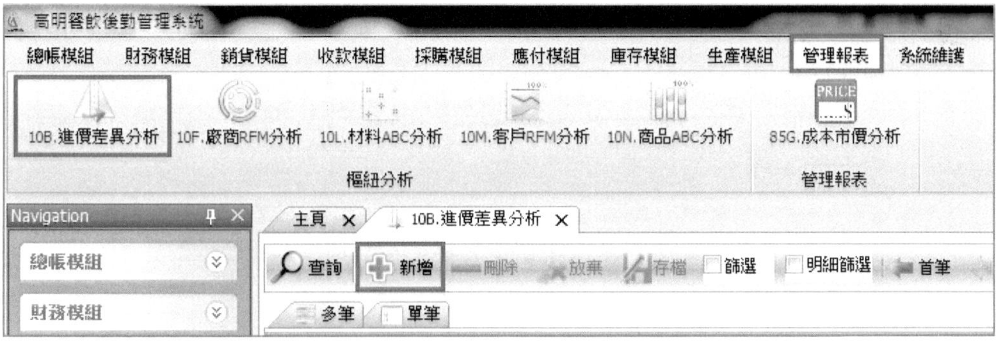

圖 8-2-1　10B. 進價差異分析 - 新增

Step02 在「截止年月」填入「2017/02」，先「存檔」，再按「統計」。

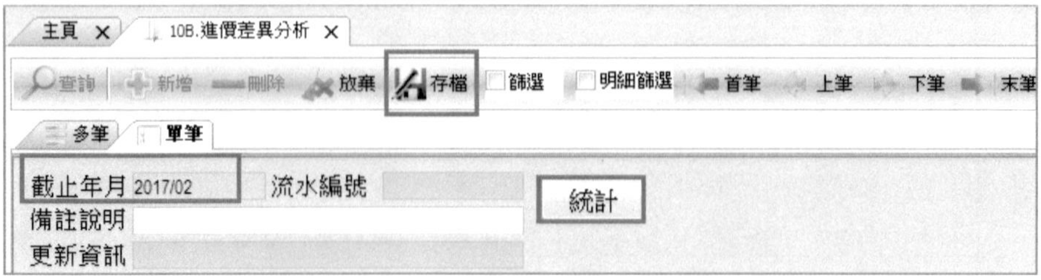

圖 8-2-2　10B. 進價差異分析 - 檔頭設定

Step03 在「截止年月」設定為「2017/02」，代表 2017 年 2 月底為止，比較本次、前次進貨的數量、單價、金額。預設 2017 年 2 月有兩筆進貨資料：分別在 2017/02/01、2017/02/03。所以「本次」的進貨數據來自於 2017/02/03，「前次」的進貨數據來自於 2017/02/01。

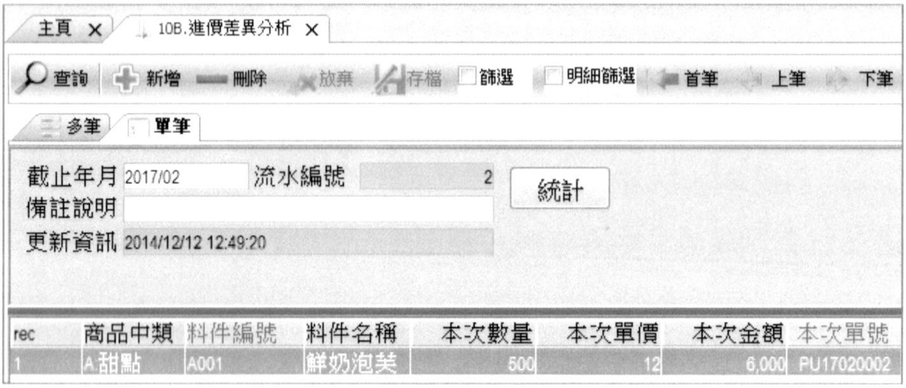

圖 8-2-3　10B. 進價差異分析 - 本次進貨數據

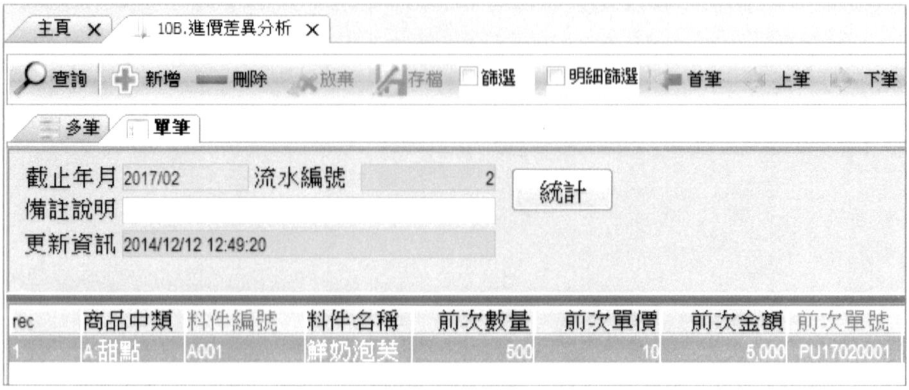

圖 8-2-4　10B. 進價差異分析 - 前次進貨數據

Step04 漲幅 = (本次單價 – 前次單價) / 前次單價。

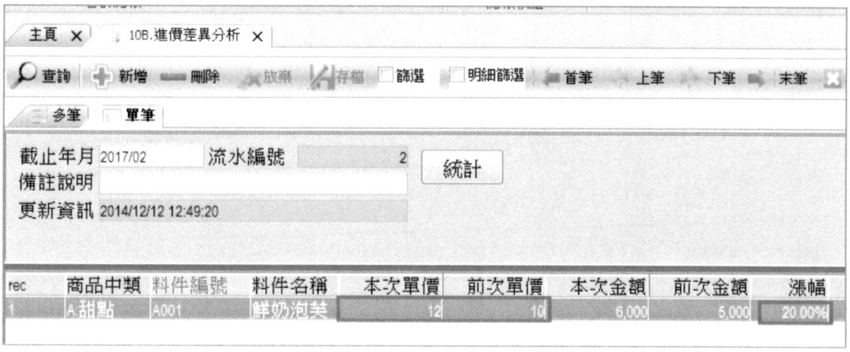

圖 8-2-5　10B. 進價差異分析 - 漲幅

8-2-2 廠商 RFM 分析

使用【10F. 廠商 RFM 分析】功能，可以讓餐廳管理人分析廠商採購的三大行為，最近一次採購 (Recency)、採購頻率 (Frequency)、採購金額 (Monetary)，判斷餐廳對於廠商的依賴程度，並依照不同的依賴程度，做出相對應的經營對策。

案例 2

評估「PAPA PUFFS 泡芙專賣店」對廠商的依賴性，因此使用廠商 RFM 分析，觀察最近一次的購買時間、交易的次數及金額。

- 功能位置：【管理報表】→【10F. 廠商 RFM 分析】。
- 功能說明：觀察最近向廠商採購的時間、交易的次數及金額。
- 操作練習：統計 2017 年 1 月至 2 月期間內，與廠商最近一次的交易時間、次數、金額。

Step01 在【管理報表】中的【10F. 廠商 RFM 分析】，新增一筆資料。

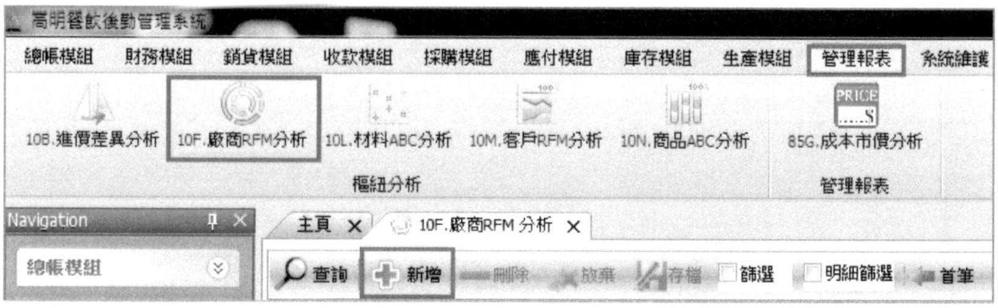

圖 8-2-6　10F. 廠商 RFM 分析 - 新增

Step02 在「年度」填入「2017」；在「起始月份」填入「01」。在「終止月份」填入「02」，先「存檔，再按「統計」。

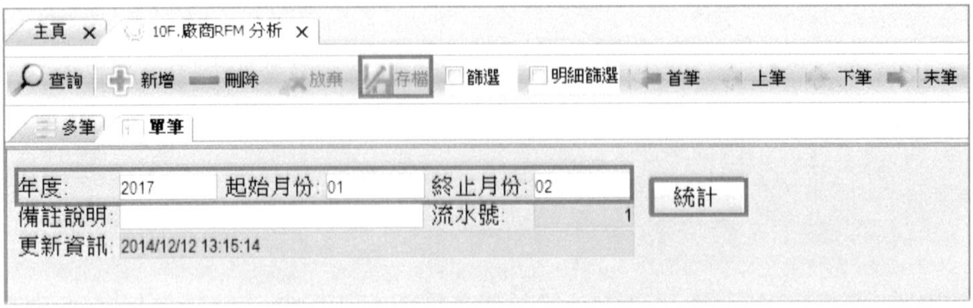

圖 8-2-7　10F. 廠商 RFM 分析 - 檔頭設定

Step03 「統計」完，【檔身】顯示「PAPA PUFFS 泡芙專賣店」與廠商「日式甜點」採購的時間點、交易的次數及金額。

「期間首次交易」：「2017.02.01」

「期間最近交易」：「2017.02.03」

「期間交易次數」：「2」

「期間平均金額」：「5,500」

「期間累計金額」：「11,000」

以上資訊會回寫到【95A. 廠商資料維護】檔頭 單筆頁籤的小白框上。

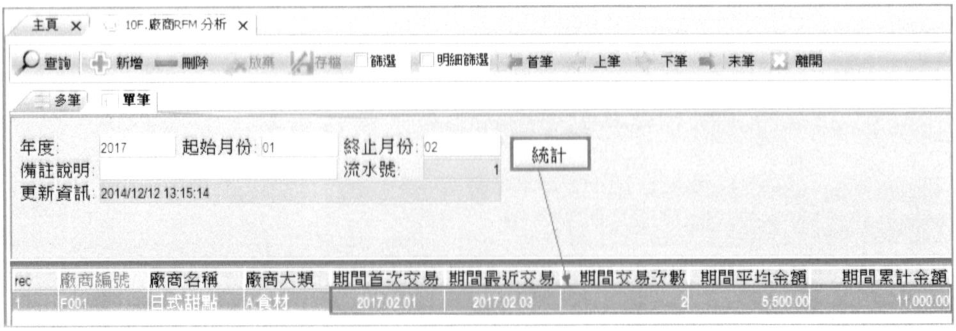

圖 8-2-8　10F. 廠商 RFM 分析 - 檔身

8-2-3 客戶 RFM 分析

使用【10M. 客戶 RFM 分析】功能，可以讓餐廳管理人分析客戶購買的三大行為，最近一次消費 (Recency)、消費頻率 (Frequency)、消費金額

(Monetary)，判斷客戶的重要等級，並依照不同的等級，做出相對應的經營對策。

案例 3

為評估客戶來「PAPA PUFFS 泡芙專賣店」的消費頻率，使用【10M. 客戶 RFM 分析】，觀察客戶最近一次的購買時間、交易的次數及金額。

- 功能位置：【管理報表】→【10M. 客戶 RFM 分析】。
- 功能說明：分析客戶購買的三大行為，最近一次，頻率，金額等。
- 操作練習：統計 2017 年 1 月至 2 月期間內，客戶最近一次的交易時間、次數、金額。

Step01 在【管理報表】中的【10M. 客戶 RFM 分析】，新增一筆資料。

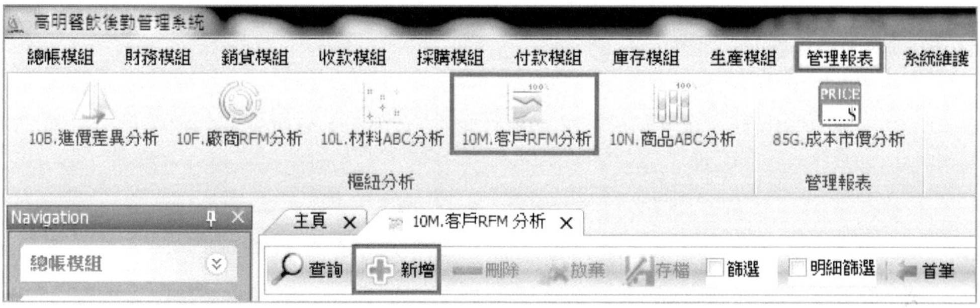

圖 8-2-9　10M. 客戶 RFM 分析 - 新增

Step02 在「年度」填入「2017」；在「起始月份」填入「01」。在「終止月份」填入「02」，先「存檔」，再按「統計」。

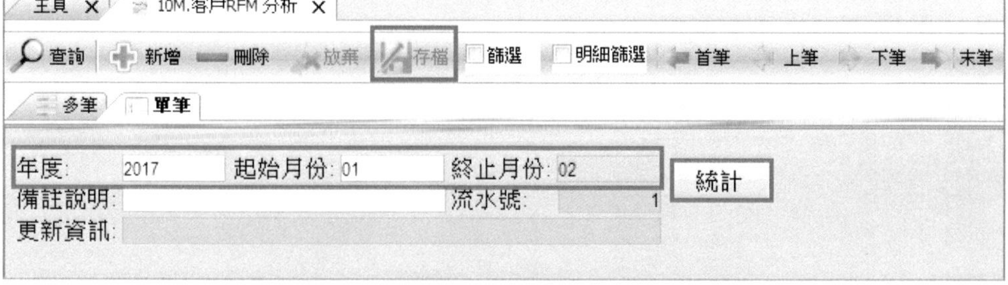

圖 8-2-10　10M. 客戶 RFM 分析 - 檔頭設定

Step03 「統計」完，【檔身】顯示客戶「高明資訊」消費的時間點、交易的次數、金額。

「期間首次交易」：「2017.02.06」

「期間最近交易」：「2017.02.09」

「期間交易次數」：「2」

「期間平均金額」：「15,000」

「期間累計金額」：「30,000」

以上資訊會回寫到【94A. 客戶資料維護】檔頭 單筆頁籤的小白框上。

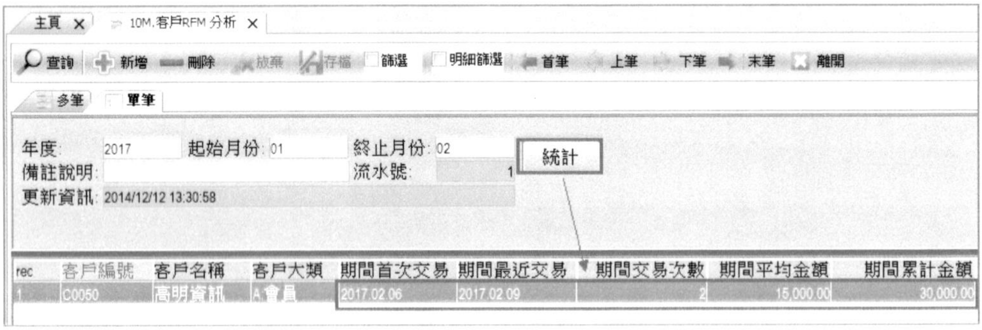

圖 8-2-11　10M. 客戶 RFM 分析 - 檔身

8-2-4 商品 ABC 分析

商品 ABC 分析：將眾多商品與材料分類成等級 A、B、C，可以清楚知道該餐廳的重點商品和材料，讓管理人能夠輕鬆地掌握餐廳的主打商品，如此一來就可以較為準確地了解顧客端的需求，減少預測市場和行銷上的成本，提升餐廳成本控制的能力，創造良好的營收。

商品 ABC 分析步驟：

Step01 計算出每一種商品或材料的金額，並算出加總後總額。

Step02 將商品或材料按照金額由大到小排序。

Step03 計算出每一種商品或材料占總金額的百分比。

Step04 計算累計百分比。

Step05 設定等級 A、B、C 累計百分比的分配。

例如 PAPA PUFFS 泡芙專賣店提供 3 種商品，分別是水果泡芙、奶油泡芙以及巧克力泡芙，商品本期銷售金額分別是 30000、12000、8000，設定等級 A 為累計百分比 70% 以下、等級 B 為累計百分比 85% 以下、等級 C 為累計百分比 85% 以上。

商品名稱	本期銷售金額	占總金額比例	累計百分比	等級
水果泡芙	30000	60%	60%	A
奶油泡芙	12000	24%	84%	B
巧克力泡芙	8000	16%	100%	C
總額	50000	100%		

透過以上表格我們可以很清楚看到水果泡芙、奶油泡芙、巧克力泡芙的等級分別為 A、B、C，就表示水果泡芙為 PAPA PUFFS 泡芙專賣店的主打商品，當然，不同餐廳所設定的等級 A、B、C 累計百分比分配會有所差異，透過分析自家餐廳營運狀況做出最適合該餐廳的等級分配是很重要的，若單純模仿其他餐廳的營運模式卻沒有仔細分析自已餐廳的狀況，很容易導致誤判，造成餐廳嚴重的損失。

案例 4

利用系統功能「商品 ABC 分析」查詢 2014 年 01~02 月的商品重要性等級。

- 功能位置：【管理報表】→【10N. 商品 ABC 分析】。
- 功能說明：以銷貨來看，進一步分析商品的重要性等級。
- 操作練習：查詢 2014 年 01~02 月的商品的重要等級。

Step01 在【管理報表】中的【10N. 商品 ABC 分析】，點擊「查詢」。

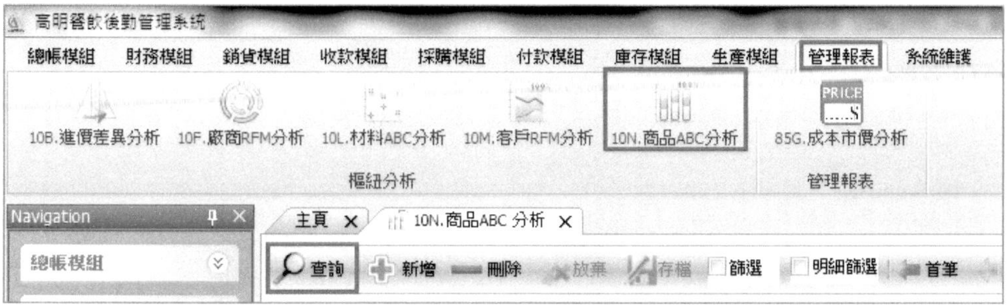

圖 8-2-12　10N. 商品 ABC 分析 - 查詢

Step02 在「年度」填入「2014」，「月份起始」填入「01」。在「月份終止」填入「02」，點擊「開始擷取並傳回」。

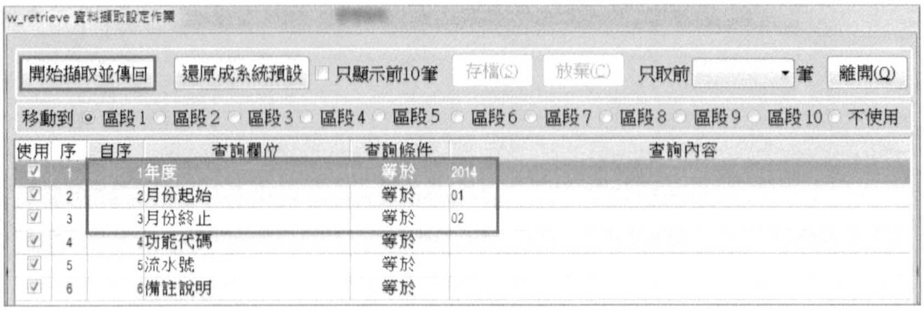

圖 8-2-13　10N. 商品 ABC 分析 - 查詢條件

Step03 在【10N. 商品 ABC 分析】的檔頭，等級 A 設定為「80%」、等級 B 設定為「20%」。

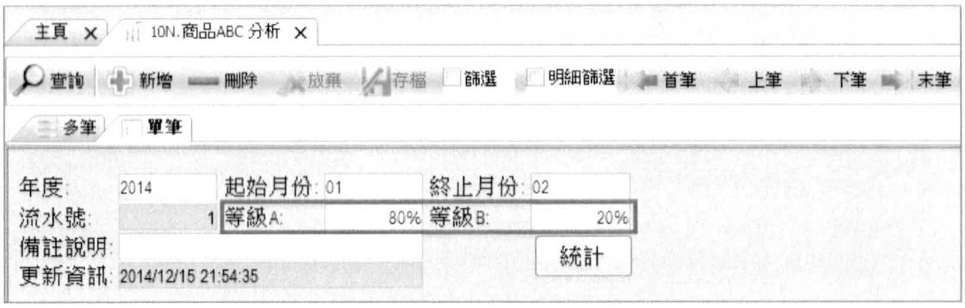

圖 8-2-14　10N. 商品 ABC 分析 - 檔頭設定

Step04 按下「統計」，顯示商品重要程度。

「水果泡芙」的「本期累計百分比」小於「80%」，所以被歸類為「等級 A」。

「抹茶泡芙」的「本期累計百分比」小於「80%」，所以被歸類為「等級 A」。

「鮮奶泡芙」的「本期累計百分比」大於「80%」，所以被歸類為「等級 B」。

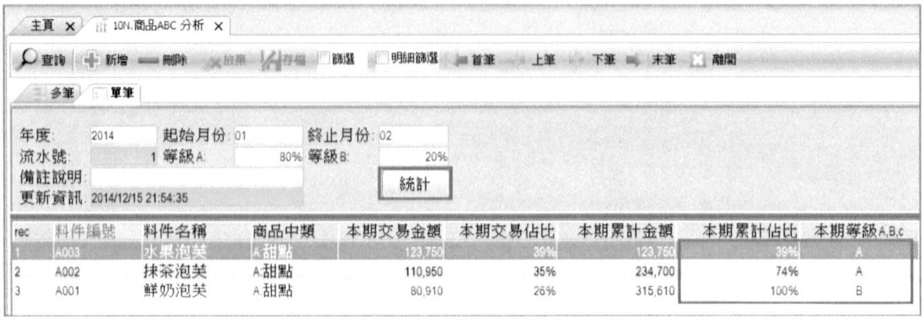

圖 8-2-15　10N. 商品 ABC 分析 - 統計

8-3 隨堂練習

1.(　　) 請問「10B.進價差異分析」的主要功能是？

(A) 查詢單據異動情況　　(B) 查詢廠商付款情況

(C) 查詢採購成本情況　　(D) 查詢廠商收款情況

2.(　　) 新增一筆「10B.進價差異分析」，截止月份為2015/10，假設10月份總共進貨三次，分別在10/05、10/15、10/20，系統自動比較本次與前次的進貨資料，請問「本次進貨的日期」與「前次進貨的日期」為？

(A) 本次：10/15、前次：10/05

(B) 本次：10/20、前次：10/15

(C) 本次：10/20、前次：10/05

(D) 以上皆非

3.(　　) 請問在「10F.廠商RFM分析」功能裡面，可以查詢什麼資訊？

(A) 客戶的首次交易日期

(B) 客戶的交易次數

(C) 客戶的交易次平均金額

(D) 廠商的首次交易日期

4.(　　) 請問「10F.廠商RFM分析」主要用來分析哪種資料？

(A) 以指定月份比較同一商品或材料，最近二次的價格差異

(B) 分析材料的重要性等級

(C) 分析廠商採購的三大行為，最近一次，頻率，金額等

(D) 分析商品的重要性等級

5.(　　) 請問「10M.客戶RFM分析」主要用來分析哪些資料？

(A) 期間首次交易　　(B) 期間交易次數

(C) 期間平均金額　　(D) 以上皆是

6.(　　) 請問在「10M. 客戶RFM分析」功能裡面，可以查詢什麼資訊？

(A) 廠商的首次交易日期

(B) 廠商的交易次數

(C) 廠商的交易次平均金額

(D) 客戶的首次交易日期

7.(　　) 請問「10N. 商品ABC分析」主要用來分析哪些資料？

(A) 分析廠商採購的三大行為，最近一次，頻率，金額等

(B) 分析客戶購買的三大行為，最近一次，頻率，金額等

(C) 分析商品的重要性等級

(D) 分析材料的重要性等級

8.(　　) 請問在「10L. 材料ABC分析」中，等級A設為「50%」、等級B設為「30%」，下列哪一件材料會被歸成B級？

(A) 水果泡芙，本期累計占比：39%

(B) 抹茶泡芙，本期累計占比：72%

(C) 鮮奶泡芙，本期累計占比：100%

(D) 以上皆非

9.(　　) 請問「10L. 材料ABC分析」主要用來分析哪些資料？

(A) 分析客戶購買的三大行為，最近一次，頻率，金額等

(B) 分析客戶購買的三大行為，最近一次，頻率，金額等

(C) 分析商品的重要性等級

(D) 分析材料的重要性等級

10.(　　) 請問「85G. 成本市價分析」主要用來分析哪些資料？

(A) 分析商品的重要性等級。

(B) 以指定月份比較同一商品或材料，最近二次的價格差異。

(C) 分析客戶購買的三大行為，最近一次，頻率，金額等。

(D) 對商品購入成本或製成品生產成本與市價的比較，並合理看待庫存價值

APPENDIX

A

附錄

A-1 八大異動單據

高明 ERP 資訊管理系統

八大單據異動表

	永續盤存制	單別	單據說明	借	貸	庫存影響	影響成本
1	54A 廠商進貨維護	PUA	進貨	1231 存貨	2143 應付帳款 1101 庫存現金	＋	參與
2	54C 廠商進退維護	PRA	進退	2143 應付帳款	1231 存貨	－	參與
		PRB	進折	2143 應付帳款	1231 存貨	無	參與
3	44A 每日銷售維護	SDA	銷貨	1101 庫存現金 1144 應收帳款 5000 銷貨成本	4101 銷貨收入 1231 商品 1232 製成品	－	承受
		SDB	招待	5000 銷貨成本	1231 商品 1232 製成品	－	承受
4	44C 每日銷退維護	SRA	銷退	4102 銷貨退回 1231 商品 1232 製成品	應收帳款 5000 銷貨成本	＋	承受
		SRB	銷折	4103 銷貨退回 1231 商品 1232 製成品	1144 應收帳款 5000 銷貨成本	無	無
5	62E 盤點調增維護	MIA	調增	1231 商品 1232 製成品 1234 原料	5000 銷貨成木	無	參與
		MIB	盤盈	1231 商品 1232 製成品 1234 原料	5000 銷貨成本	＋	承受
6	62G 盤點調減維護	MOA	調減	5000 銷貨成本	1231 商品 1232 製成品 1234 原料	無	參與
		MOB	盤虧	5000 銷貨成本	1231 商品 1232 製成品 1234 原料	－	承受
7	63C 材料領用維護	WTA	領料	5401 直接原料	1234 原料	－	承受
		WTB	退料	1234 原料	5401 直接原料	＋	承受
8	83G 每日生產維護	WUA	生產	1232 製成品	5401 直接材料 5402 直接人工 5403 製造費用	＋	參與

買賣業：異動單據，不包含「63C. 材料領用維護」「83G. 每日生產維護」。會計科目，不包含 1234 原料，1232 製成品。

A-2 庫存評價與永續盤存制

▨ 第一部份：盤點會計處理：

會計第 10 號公報針對永續盤存制之存貨盤點會計處理得採「銷貨成本」科目取代「商品盤盈」及「商品盤損」。損益表中將不出現「商品盤盈」及「商品盤損」科目。

分錄如下：

盤盈時：
借：存貨
貸：銷貨成本

盤虧時：
借：銷貨成本
貸：存貨

因此本系統在 「62E. 盤點調增維護」、「62G. 盤點調減維護」之傳票分錄，即採以上方式開立

▨ 第二部份：存貨成本認定：

依據營利事業所得稅查核準則
第三節 期末存貨、存料、在製品、製成品及副產品的說明
第 51 條
前條之成本，得按存貨之種類或性質，採用個別辨認法、先進先出法、加權平均法、移動平均法，或其他經主管機關核定之方法計算之。

其屬按月結算其成本者，得按月加權平均計算存貨價值。

在同一會計年度內，同一種類或性質之存貨不得採用不同估價方法。因此本系統在「44A. 每日銷貨維護」，僅產生銷貨收入傳票

借：應收帳款或現金
貸：銷貨收入

而銷貨成本傳票，直到執行「85B. 進耗存別分析」才會依月加權平均法產生分錄如下：

借：銷貨成本
貸：商品或製成品

A-3 綜合情境練習

案例 1

香蕉營養價值高、卡路里低，含有豐富的蛋白質、糖、鉀、維生素 A 和 C，是相當有營養的食品，也是許多女性朋友的減肥聖品，因此 Chris 決定推出「期間限定香蕉泡芙」專案活動，僅在「2015/07/01-07/10」期間供應販售，並給予香蕉泡芙料件編號 K006。「PAPA PUFFS 泡芙專賣店」2015 年 6 月 30 日向「日式甜點烘焙坊」進 300 個香蕉口味的泡芙 (15 元)，以現金支付，由於日式甜點烘焙坊強調每日新鮮限做，因此「PAPA PUFFS 泡芙專賣店」每日限量提供 30 個香蕉泡芙，定價 55 元售完為止。綺綺是個愛吃水果泡芙的女孩，看到新推出的香蕉泡芙便迫不及待購買品嘗，綺綺 7/3 向店員購買了三個香蕉泡芙，由於架上的香蕉泡芙沒貨了，店員只好到廚房去拿，廚房僅剩兩個香蕉泡芙，便退貨一個香蕉泡芙的費用給綺綺。

表 A-1 操作步驟

操作步驟	功能位置	功能選項	操作練習
一	庫存模組	96D.材料商品維護	新增材料商品「香蕉泡芙」
二	銷貨模組	91S.行銷專案維護	新增專案「期間限定香蕉泡芙」
三	採購模組	54A.廠商進貨維護	向廠商進販賣商品 - 香蕉泡芙，300 個
四	銷貨模組	44A.每日銷貨維護	銷售香蕉泡芙 3 個
五	銷貨模組	44A.每日銷貨維護	查詢剛剛銷貨單號，以便退貨時複製銷貨明細
六	銷貨模組	44C.每日銷退維護	進行商品的銷貨退回

▣ 操作步驟(一)：設立新的材料商品「香蕉泡芙」。

Step01 在【庫存模組】中的【96D. 材料商品維護】，新增一筆資料。

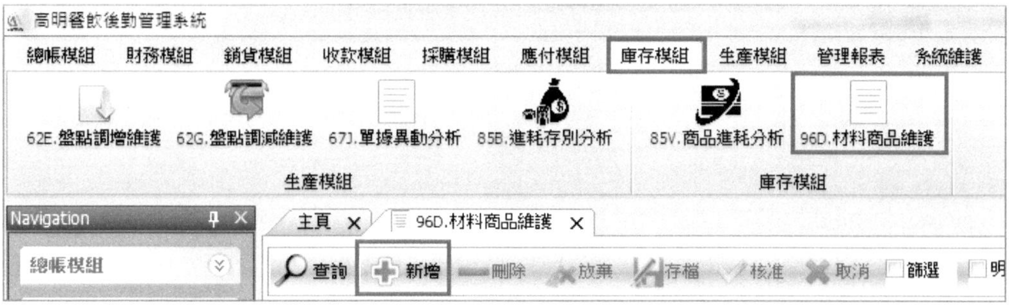

圖 A-3-1　96D. 材料商品維護 - 新增

Step02 在「料件編號」填入「K005」；「料件名稱」填入「香蕉泡芙」。
在「商品大類」的下拉選單中，選擇「商品」。
在「商品中類」的下拉選單中，選擇「甜點」。
在「單位」的下拉選單中，選擇「個」。
在「庫存管制」的下拉選單中，選擇「Y」。
點擊「存檔」。

圖 A-3-2　96D. 材料商品維護 - 檔頭設定

Step03 點擊「核准」，完成商品新增。

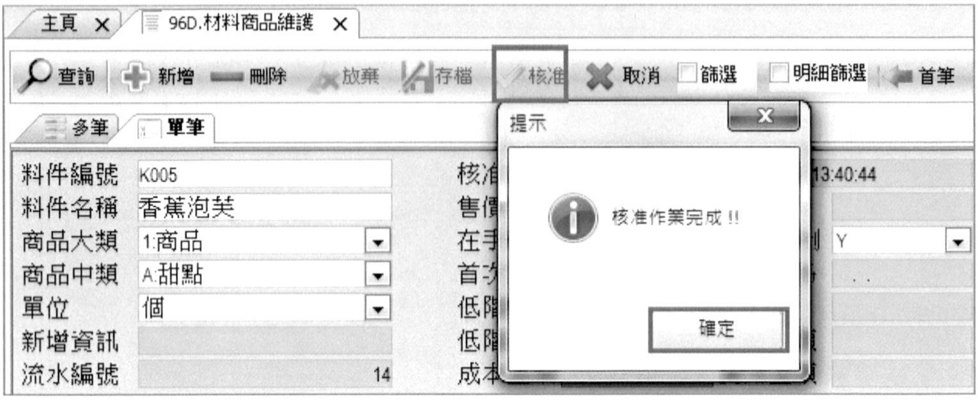

圖 A-3-3　96D. 材料商品維護 - 核准

▣ 操作步驟 (二)：設立新專案「期間限定 - 香蕉」。

Step01 在【銷貨模組】中的【91S. 行銷專案維護】，並點擊「新增」

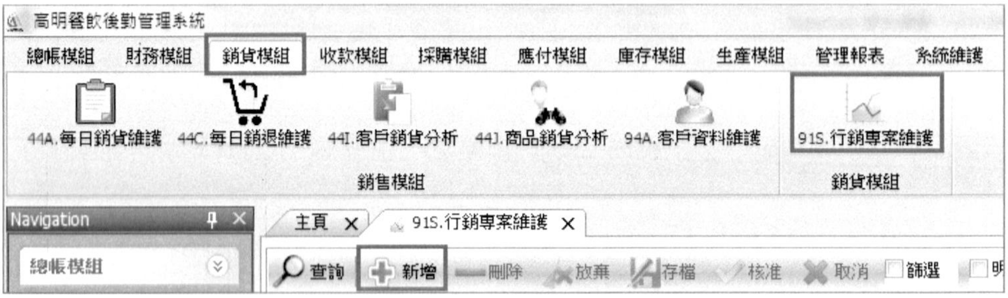

圖 A-3-4　91S. 行銷專案維護 - 新增

Step02 在「專案名稱」填入「期間限定 - 香蕉」。
在「起始日期」填入「2015.07.01」。
在「終止日期」填入「2015.07.10」。
點擊「存檔」。

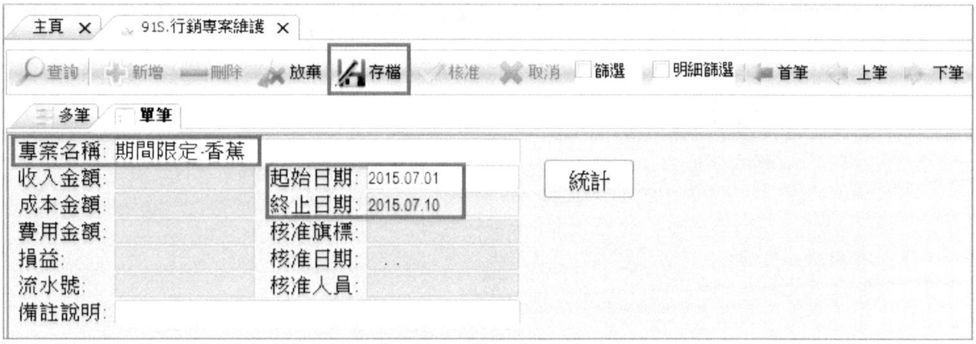

圖 A-3-5　91S. 行銷專案維護

Step03 點擊「核准」後，完成這筆專案新增。

圖 A-3-6　91S. 行銷專案維護 - 核准

- 操作步驟 (三)：向「日式烘焙坊進貨」進貨「香蕉泡芙」300 個，進貨單價 $15。

Step01 在【採購模組】中的【54A. 廠商進貨維護】，新增一筆資料。

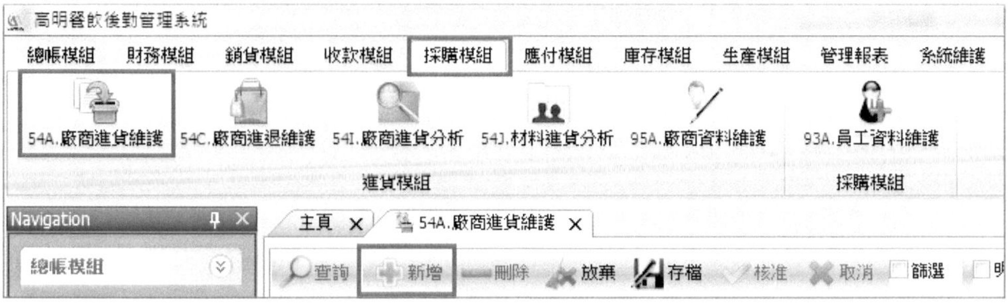

圖 A-3-7　54A. 廠商進貨維護 - 新增

Step02 在「單據日期」填入「2015.06.30」。
在「廠商編號」的下拉選單中，選擇「日式甜點」。
在「付款方式」的下拉選單中，選擇「現金」。
點擊「存檔」。

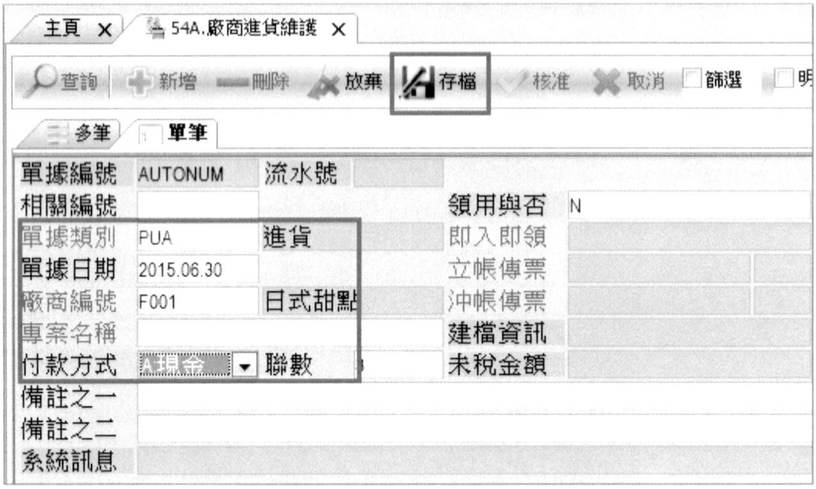

圖 A-3-8　54A. 廠商進貨維護 - 檔頭設定

Step03 在「產品編號」的下拉選單中，選擇「香蕉泡芙」。
在「數量」填入「300」；在「單價」填入「15」。
點擊「存檔」。

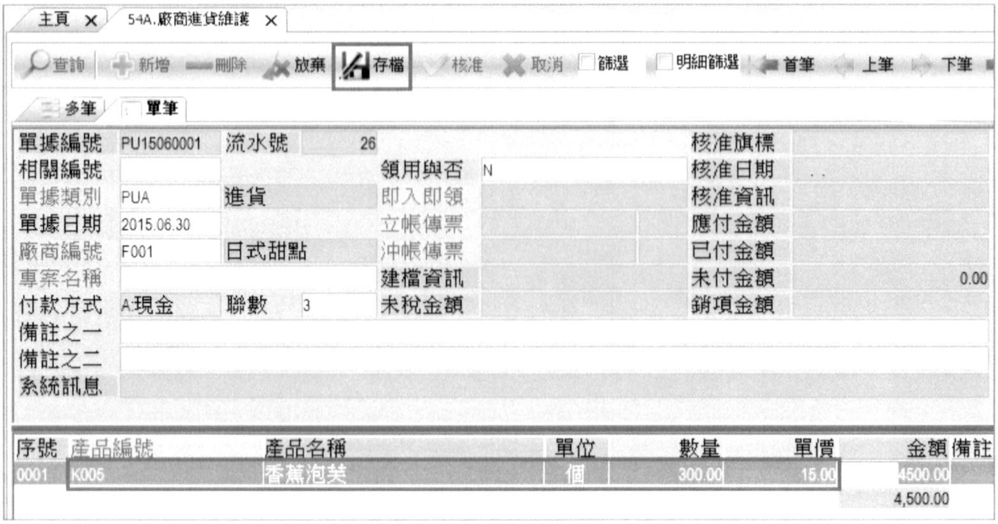

圖 A-3-9　54A. 廠商進貨維護 - 檔身設定

Step04 點擊「核准」，完成這筆進貨單。

圖 A-3-10　54A. 廠商進貨維護 - 核准

▣ 操作步驟 (四)：銷售一批「香蕉泡芙」

Step01 在【銷貨模組】中的【44A. 每日銷貨維護】，新增一筆資料。

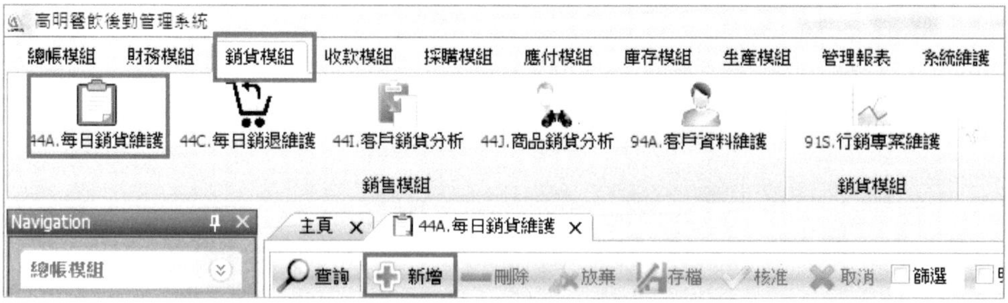

圖 A-3-11　44A. 每日銷貨維護 - 新增

Step02 在「單據日期」填入「2015.07.03」。

在「客戶編號」的下拉選單中，選擇「散客」。

在「專案編號」的下拉選單中，選擇「期間限定 - 香蕉」。

在「收款方式」的下拉選單中，選擇「現金」。

點擊「存檔」。

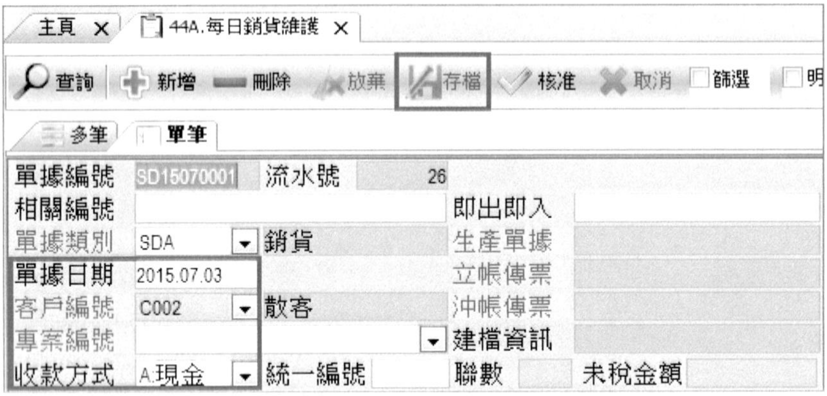

圖 A-3-12　44A. 每日銷貨維護 - 檔頭設定

Step03 在「產品編號」的下拉選單中，選擇「香蕉泡芙」。

在「數量」填入「3」；在「單價」填入「55」。

點擊「存檔」。

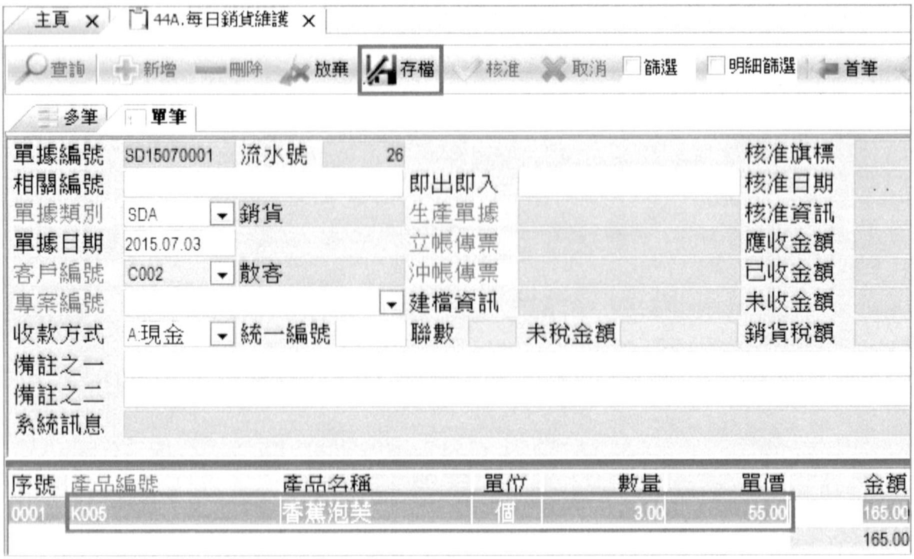

圖 A-3-13　44A. 每日銷貨維護 - 檔身設定

Step04 點擊「核准」，完成銷售商品。

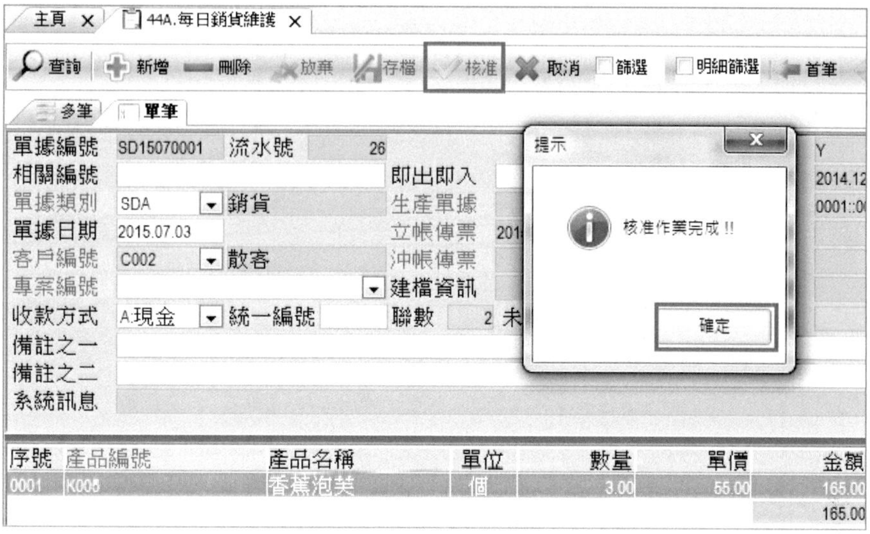

圖 A-3-14　44A. 每日銷貨維護 - 核准

▣ 操作步驟 (五)：查詢「香蕉泡芙」2015.07.03 銷售的「單據編號」。

Step01 在【銷貨模組】中的【44A. 每日銷貨維護】，點擊「查詢」。

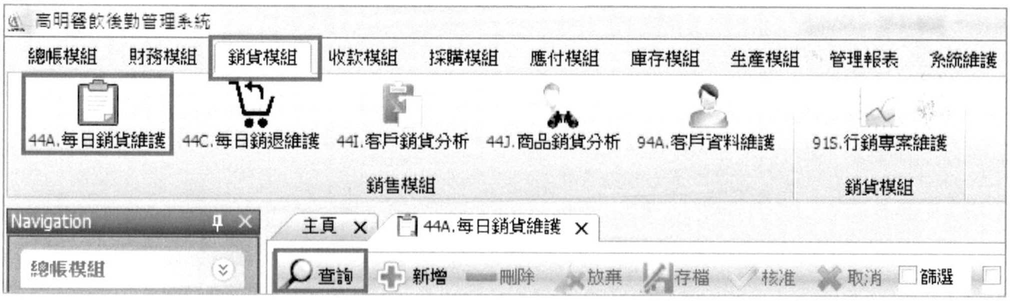

圖 A-3-15　44A. 每日銷貨維護 - 查詢

Step02 在「銷貨日期」填入「20150703」，並點擊「開始擷取並傳回」。

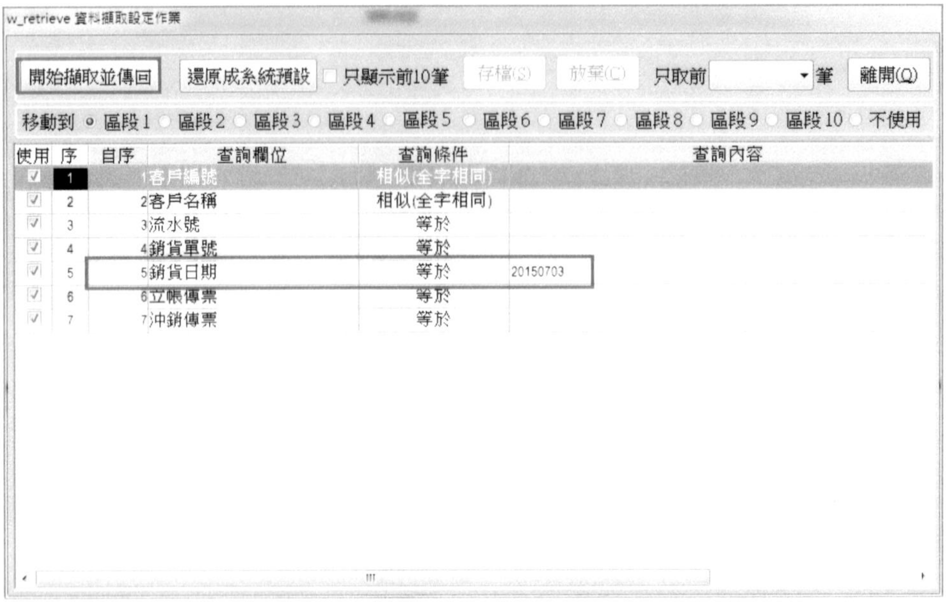

圖 A-3-16　44A. 每日銷貨維護 - 查詢條件

Step03 在【44A. 每日銷貨維護】的「多筆」頁籤，可以看見這筆銷售的單據，在【檔身】會顯示那張銷貨單的銷貨內容。

圖 A-3-17　44A. 每日銷貨維護 - 多筆頁籤

Step04 點選【44A. 每日銷貨維護】的「單筆」頁籤，記錄下「單據編號：SD15070001」，完成單據編號查詢。

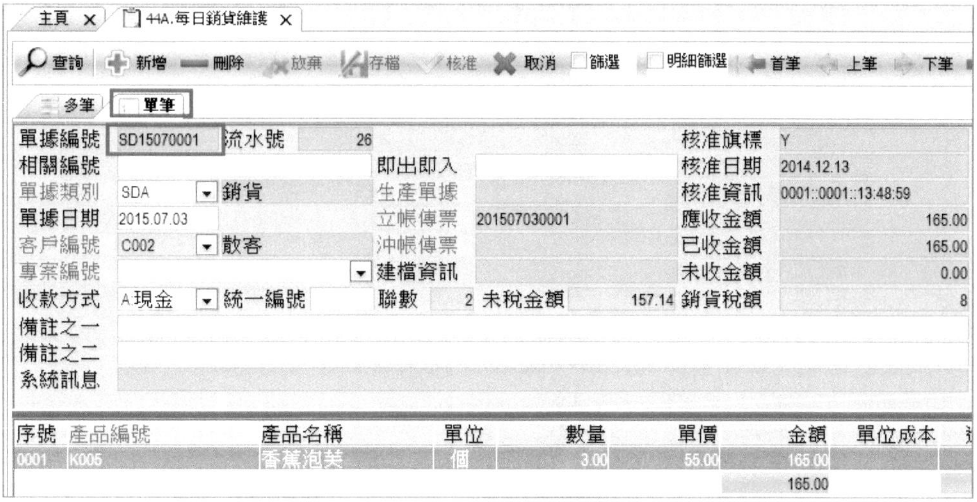

圖 A-3-18　44A. 每日銷貨維護 - 單筆頁籤

▣ 操作步驟 (六)：新增一筆銷退單。

Step01 在【銷貨模組】中的【44C. 每日銷退維護】，新增一筆資料。

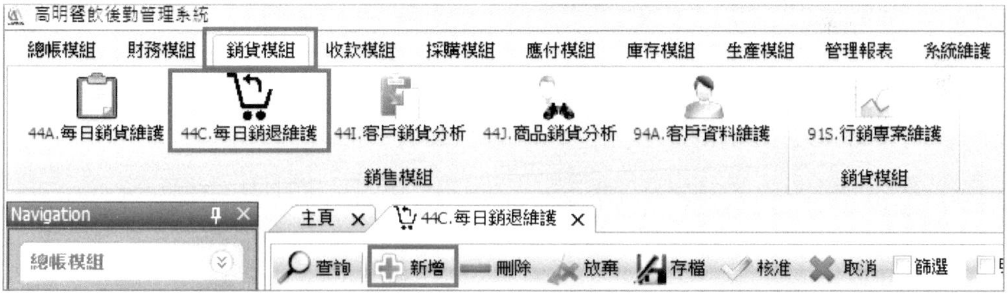

圖 A-3-19　44C. 每日銷退維護 - 新增

Step02 點選「銷貨單號」的下拉選單，選擇「SD15070001」。

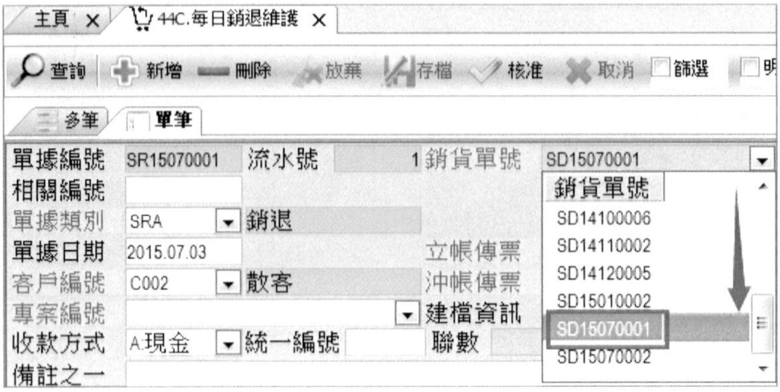

圖 A-3-20　44C. 每日銷退維護 - 檔頭設定

Step03 確認「單據日期」，點擊「存檔」。

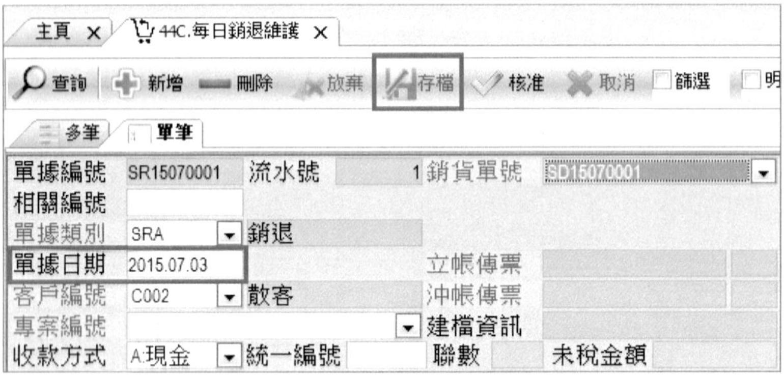

圖 A-3-21　44C. 每日銷退維護 - 檔頭設定

Step04 點選「拷貝銷貨單」。

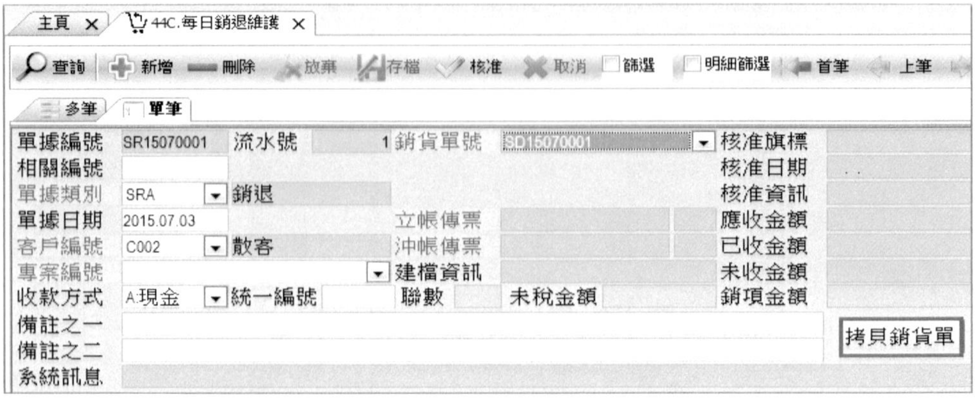

圖 A-3-22　44C. 每日銷退維護 - 拷貝銷貨單

Step05 在【44C. 每日銷退維護】的【檔身】，修改「數量」為 1，並按「存檔」。

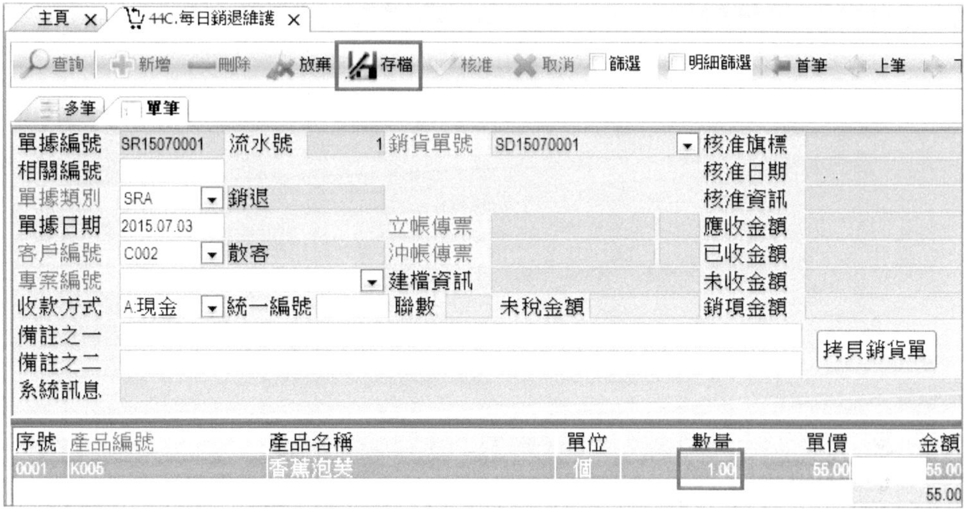

圖 A-3-23　44C. 每日銷退維護 - 數量修改

Step06 點擊「核准」，完成銷貨退回的作業。

圖 A-3-24　44C. 每日銷退維護　核准

Step07 雙點擊「立帳傳票」，就可以看到銷貨退回的明細分錄。

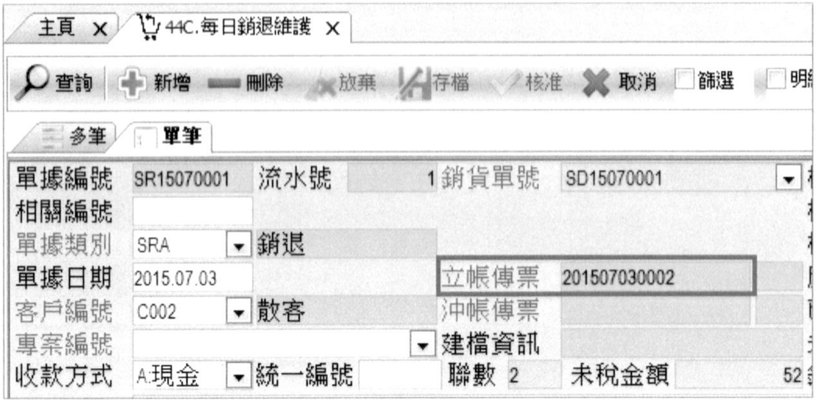

圖 A-3-25　44C. 每日銷退維護 - 利帳傳票

Step08 連結到【25A. 每日傳票維護】，顯示銷貨退回的會計分錄。

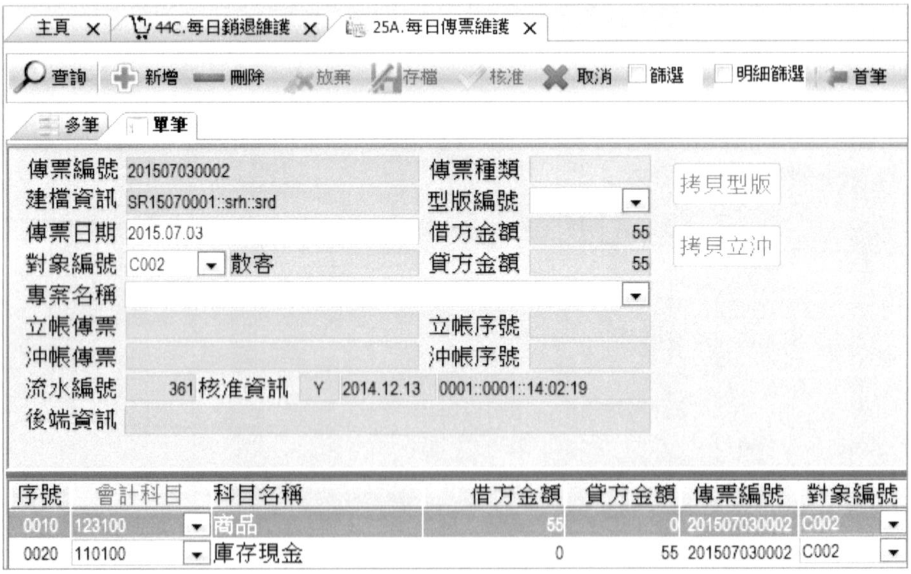

案例 2

在冷冷的冬天，總是會讓人想喝杯暖暖的可可或奶茶，因此「PAPA PUFFS 泡芙專賣店」即將推出泡芙的好朋友「棉花糖可可 ($50/ 杯)」及「鮮奶布丁茶 ($70/ 杯)」，讓來到「PAPA PUFFS 泡芙專賣店」的消費者可以有個甜滋滋的冬天。

「PAPA PUFFS 泡芙專賣店」在 2015 年 10 月 1 日，以月結的方式向廠商「珍珍食品」購買「棉花糖」、日本「可可粉」、108 個手作焦糖「布丁」以及當日現擠「鮮奶」。

在 2015 年 10 月 30 日，大勝公司向「PAPA PUFFS 泡芙專賣店」購買「棉花糖可可」100 杯和「鮮奶布丁」100 杯，並以現金支付。銷售商品後，透過「63C 材料領用維護」查詢材料使用量，並透過「96D 材料商品維護」了解材料剩餘用量。

表 A-2　操作步驟

操作步驟	功能位置	功能選項	操作練習
一	庫存模組	96D.材料商品維護	建立材料商品「棉花糖」、「可可粉」、「布丁」、「鮮奶」、「棉花糖可可」、「鮮奶布丁」。
二	採購模組	54A.廠商進貨維護	向「珍珍食品」購買原料 棉花糖：1kg($200/kg) 可可粉：1kg($390/kg) 布丁：108 個 ($9 / 個) 鮮奶：10.5L($0.1/ml)
三	生產模組	61A.商品配方維護	建立製成品配方 1. 棉花糖可可： 棉花糖 (5g) + 可可粉 (15g) 2. 鮮奶布丁： 布丁 (1 個) + 鮮奶 (100ml)
四	銷貨模組	44A.每日銷貨維護	銷售一批製成品給「大勝公司」 棉花糖可可 100 杯。 鮮奶布丁 100 杯
五	生產模組	63C.材料領用維護	查詢使用量，查詢【61A 商品配方維護】。
六	庫存模組	96D.材料商品維護	查詢原料庫存量，評估是否需要再進貨。

操作步驟 (一)：新增商品、原料的基本資料。

Step01 在【庫存模組】中的【96D. 材料商品維護】，新增一筆資料。

圖 A-3-26　96D. 材料商品維護 - 新增

Step02 在「料件編號」填入「C001」、「料件名稱」填入「棉花糖」。
在「商品大類」的下拉選單中，選擇「原料」。
在「商品中類」的下拉選單中，選擇「飲料」。
在「單位」的下拉選單中，選擇「個」。
在「庫存管制」的下拉選單中，選擇「Y」。
點擊「存檔」。

圖 A-3-27　96D. 材料商品維護 - 檔頭設定

Step03 點擊「核准」，完成「原料」基本資料建立。其他原料的「料件編號」分別是「可可粉 C002、布丁 C003、鮮奶 C004」，請依序建立。

圖 A-3-28　96D. 材料商品維護 - 核准

Step04 建立「商品」的基本資料。

在「料件編號」填入「C005」。

在「料件名稱」填入「棉花糖可可」。

在「商品大類」的下拉選單中，選擇「製成品」。

在「商品中類」的下拉選單中，選擇「飲料」。

在「單位」的下拉選單中，選擇「杯」。

在「庫存管制」的下拉選單中，選擇「Y」。

點擊「存檔」。

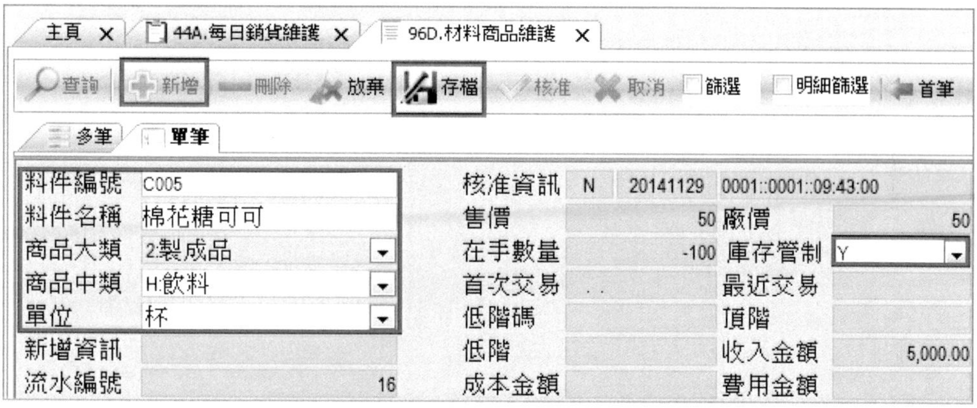

圖 A-3-29　96D. 材料商品維護 - 商品建立

Step05 點擊「核准」，完成「商品」基本資料建立。請依照相同步驟建立「鮮奶布丁 C006」。

圖 A-3-30　96D. 材料商品維護 - 核准

Step06 如果想要看完成結果，可以直接點擊「查詢」，就會出現資料查詢視窗可以輸入篩選條件，點擊「開始擷取並傳回」。

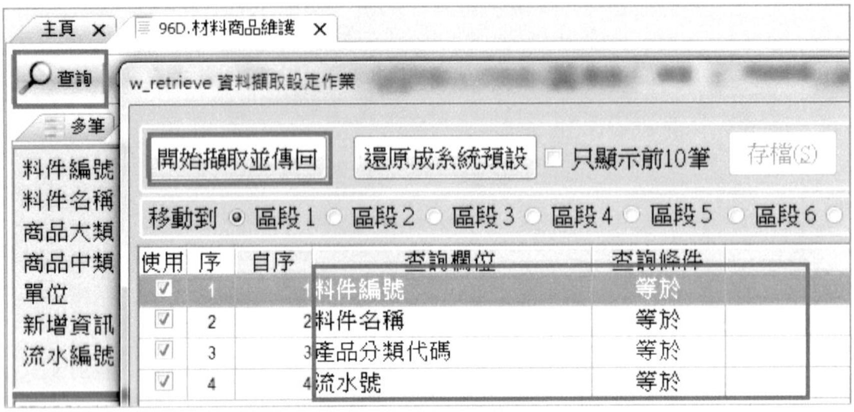

圖 A-3-31　96D. 材料商品維護 - 查詢

Step07 下列畫面會顯示全部的材料商品。

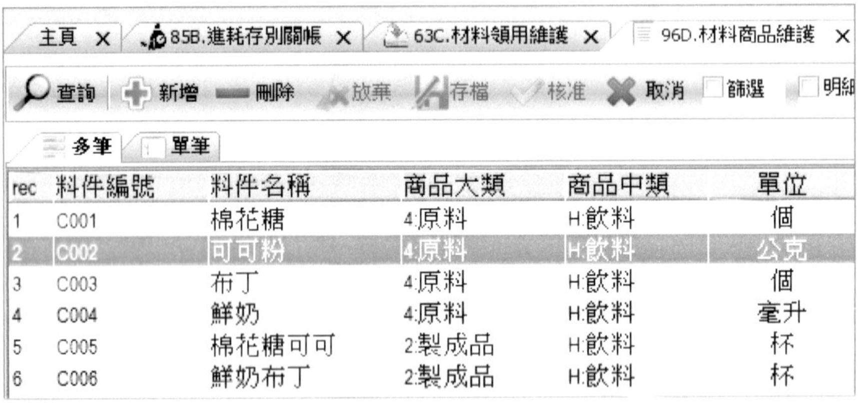

圖 A-3-32　96D. 材料商品維護 - 多筆頁籤

- 操作步驟(二)：新增一筆進貨單。

Step01 在【採購模組】中的【54A 廠商進貨維護】，新增一筆資料。

圖 A-3-33　54A 廠商進貨維護 - 新增

Step02 在「單據日期」輸入「2015.10.01」。
在「廠商編號」的下拉選單中，選擇「珍珍食品」。
在「付款方式」的下拉選單中，選擇「月結」。
在「領用與否」的下拉選單中，選擇「Y」。
最後再點擊「存檔」。

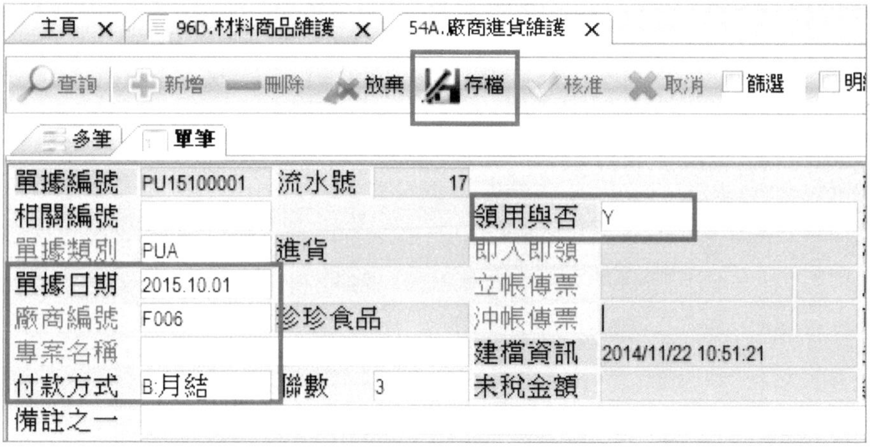

圖 A-3-34　54A 廠商進貨維護　檔頭設定

Step03 滑鼠游標移至【檔身】，按四次【Insert】。

第一筆：在「產品編號」下拉選單中，選擇「棉花糖」。

在「數量」填入「500」、在「單價」填入「0.4」。

第二筆：在「產品編號」下拉選單中，選擇「可可粉」。

在「數量」填入「10,000」、在「單價」填入「0.39」。

第三筆：在「產品編號」下拉選單中，選擇「布丁」。

在「數量」填入「108」、在「單價」填入「9」。

第四筆：在「產品編號」下拉選單中，選擇「鮮奶」。

在「數量」填入「10,500」、在「單價」填入「0.1」。

點擊「存檔」。

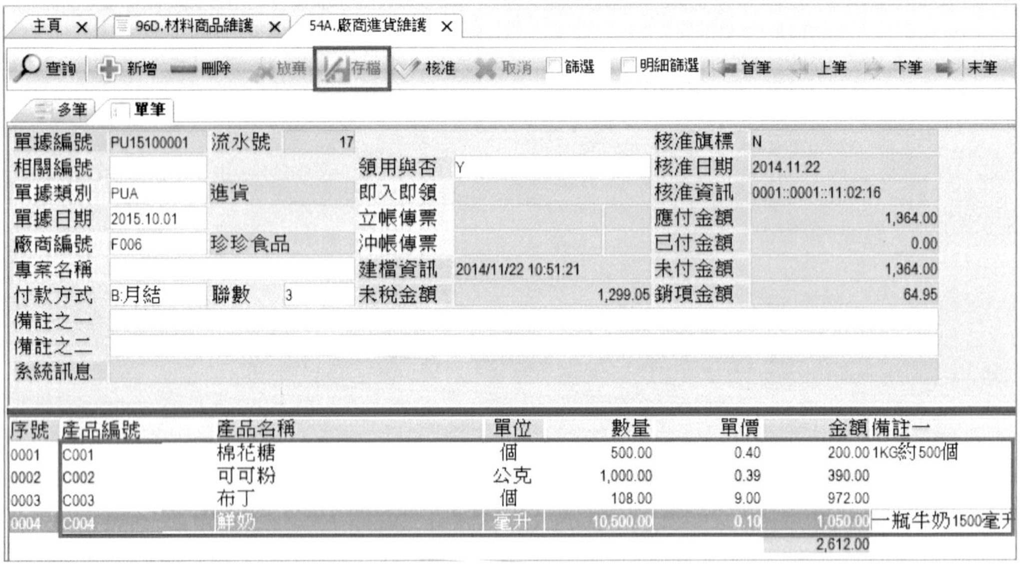

圖 A-3-35 54A 廠商進貨維護 - 檔身設定

Step04 點擊「核准」，完成這筆原料進貨。

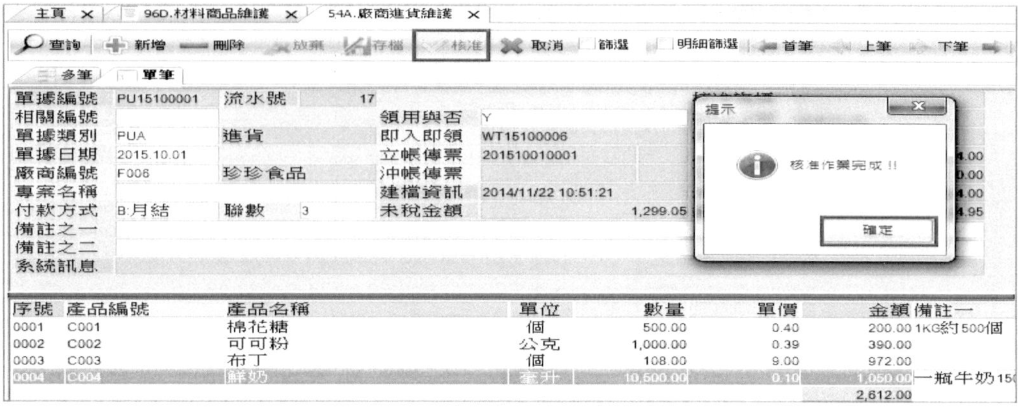

圖 A-3-36　54A 廠商進貨維護 - 核准

▣ 操作步驟 (三)：建立商品配方。

Step01 在【生產模組】中的【61A. 商品配方維護】，新增一筆資料。

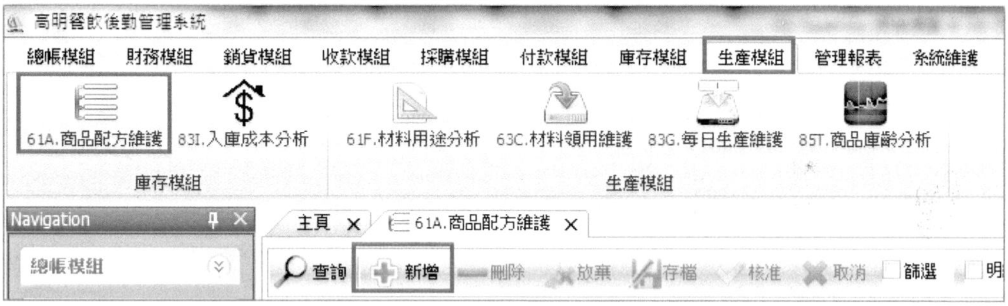

圖 A-3-37　61A. 商品配方維護 - 新增

Step02 在「結構代碼」下拉選單，選擇「棉花糖可可」，點擊「存檔」。

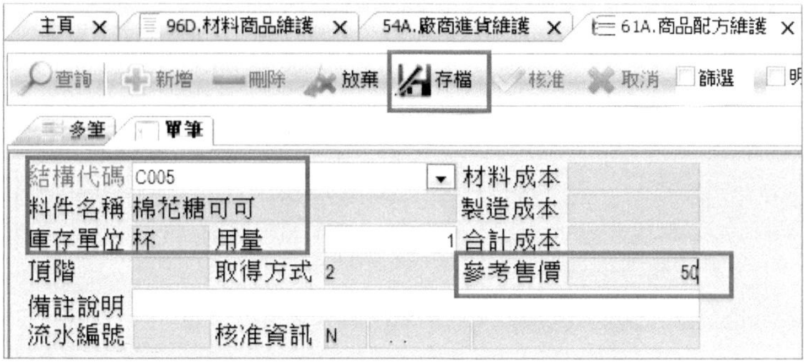

圖 A-3-38　61A. 商品配方維護 - 檔頭設定

Step03 滑鼠游標移至【檔身】，按兩次【Insert】。

第一筆：在「料件編號」下拉選單中，選擇「棉花糖」。

在「用量」填入「5」。

第一筆：在「料件編號」下拉選單中，選擇「可可粉」。

在「用量」填入「15」。

點擊「存檔」。

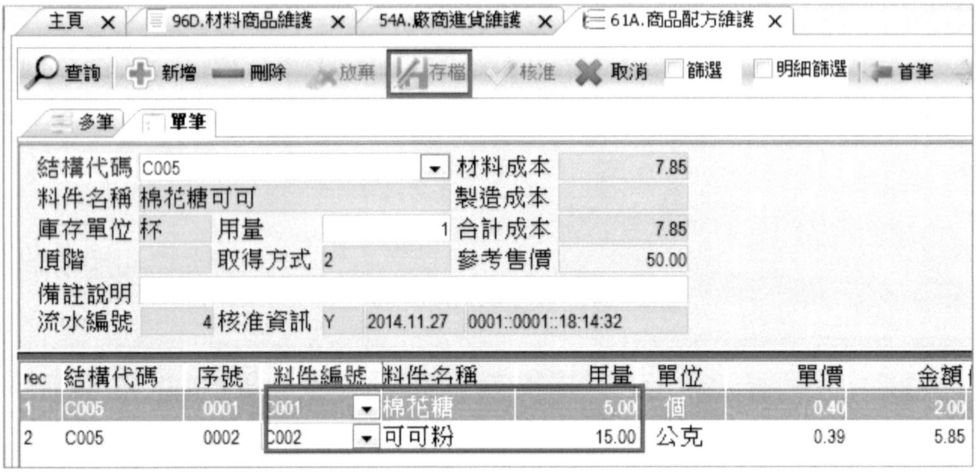

圖 A-3-39　61A. 商品配方維護 - 檔身設定

Step04 點擊「核准」，完成商品配方的建立。而「鮮奶布丁」依照相同步驟建立商品配方，其材料包含布丁 1 個、鮮奶 100 毫升。

圖 A-3-40　61A. 商品配方維護 - 核准

▣ 操作步驟(四)：新增一筆銷貨單。

Step01 在【銷貨模組】中的【44A. 每日銷貨維護】，新增一筆資料。

圖 A-3-41　44A. 每日銷貨維護 - 新增

Step02 在「單據日期」填入「2015.10.30」。
在「客戶編號」的下拉選單中，選擇「散客」。
在「收款方式」的下拉選單中，選擇「現金」。
點擊「存檔」。

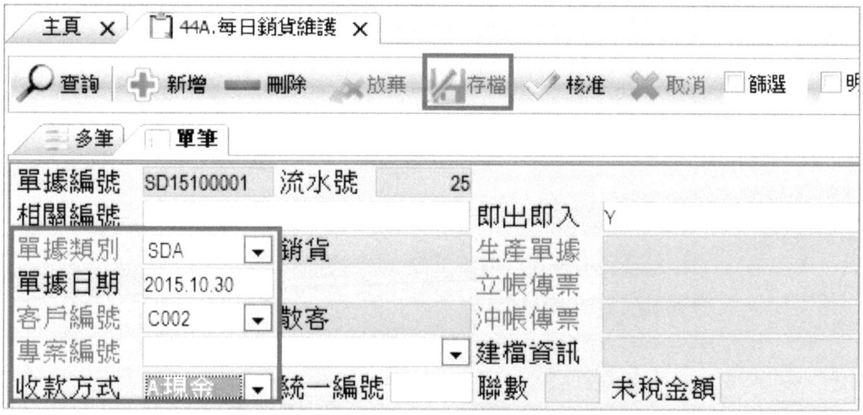

圖 A-3-42　44A. 每日銷貨維護 - 檔頭設定

Step03 滑鼠游標移至【檔身】按兩次【Insert】，新增兩筆交易明細。
第一筆：在「產品編號」下拉選單中，選擇「棉花糖可可」。
在「數量」填入「100」、在「單價」填入「50」。
第二筆：在「產品編號」下拉選單中，選擇「鮮奶布丁」。
在「數量」填入「100」、在「單價」填入「70」。
點擊「存檔」。

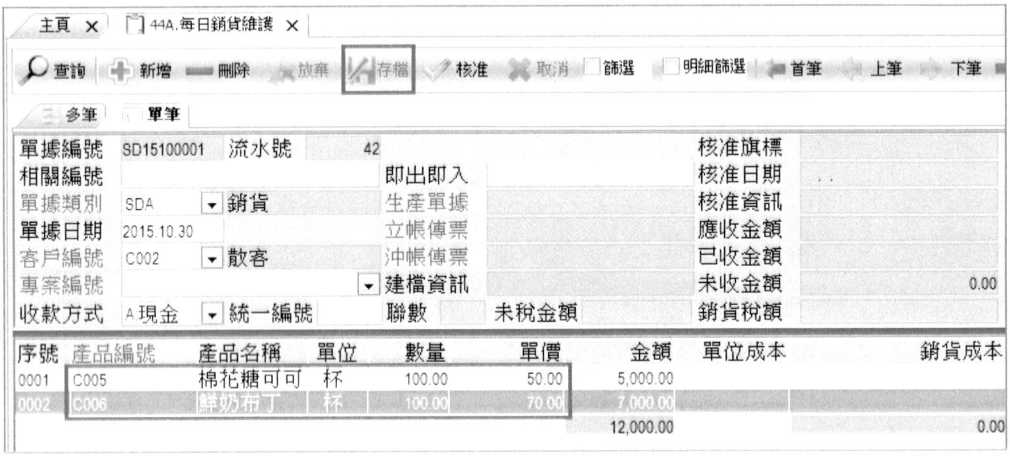

圖 A-3-43　44A. 每日銷貨維護 - 檔身設定

Step04 點擊「核准」與核准「確定」，完成這筆銷售單。

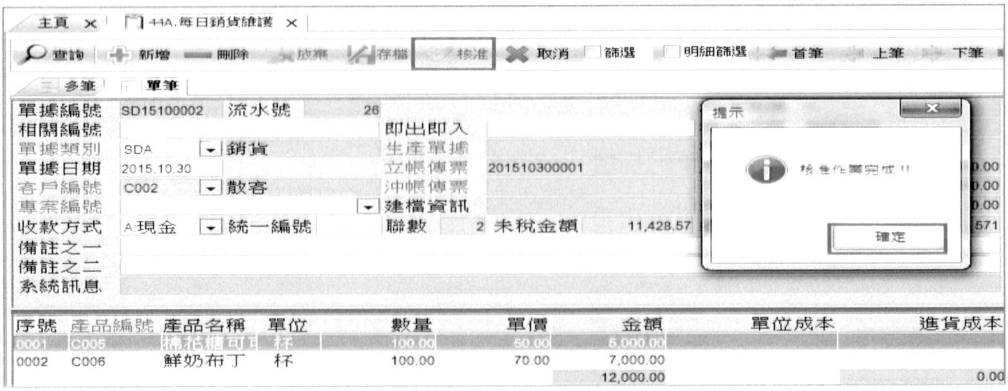

圖 A-3-44　44A. 每日銷貨維護 - 核准

◻ 操作步驟(五)：查詢原料使用量。

Step01 在【生產模組】中的【63C. 材料領用維護】，點擊「查詢」

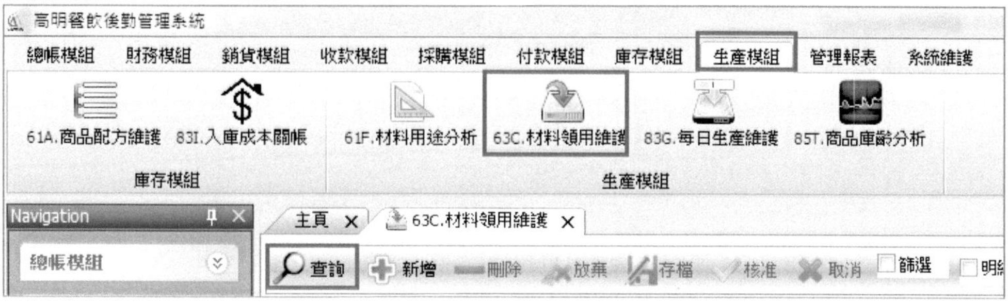

圖 A-3-45　63C. 材料領用維護 - 查詢

Step02 點擊「開始擷取並傳回」。

圖 A-3-46　63C. 材料領用維護 - 查詢

Step03 在【63C. 材料領用維護】的畫面，【檔頭】顯示 4 筆單據。點擊任一筆資料，在【檔身】會顯示原料的領料明細。

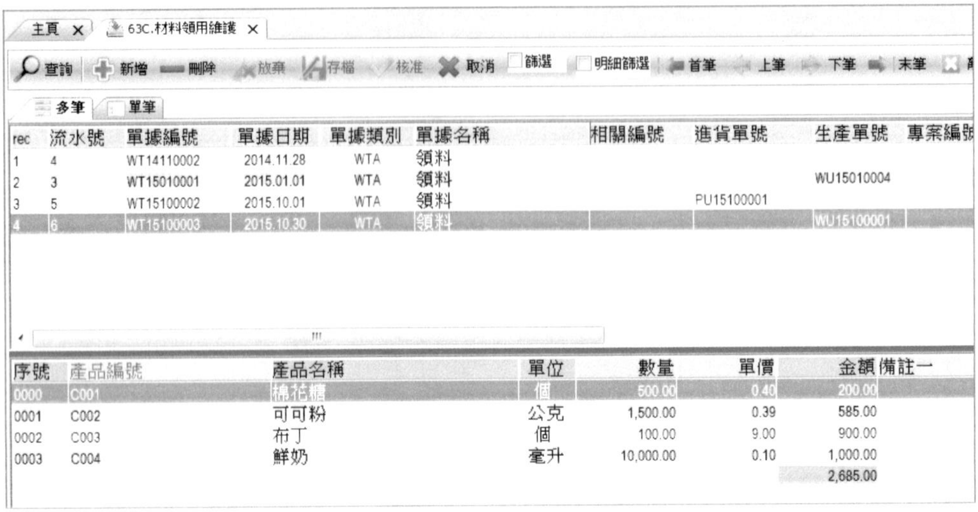

圖 A-3-47　63C. 材料領用維護 - 畫面

▣ 操作步驟 (六)：查詢原料庫存量。

Step01 在【庫存模組】中的【96D. 材料商品維護】，點擊「查詢」。

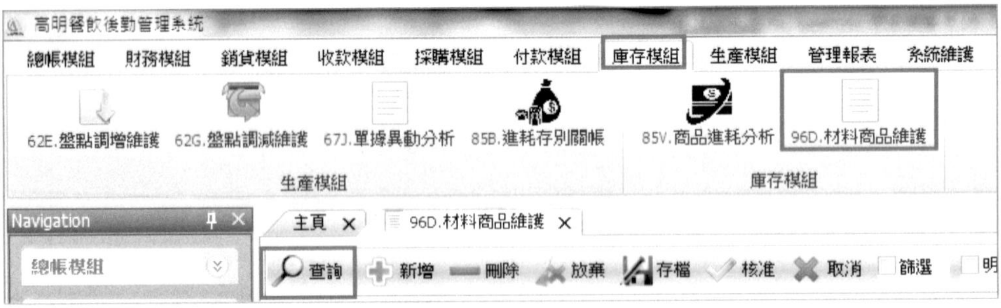

圖 A-3-48　96D. 材料商品維護 - 查詢

Step02 在「料件編號」的查詢條件，選擇「相似 (後面不論)」。
在「料件編號」的「查詢內容」，填入「C」。
先按「存檔」再點擊「開始擷取並傳回」。

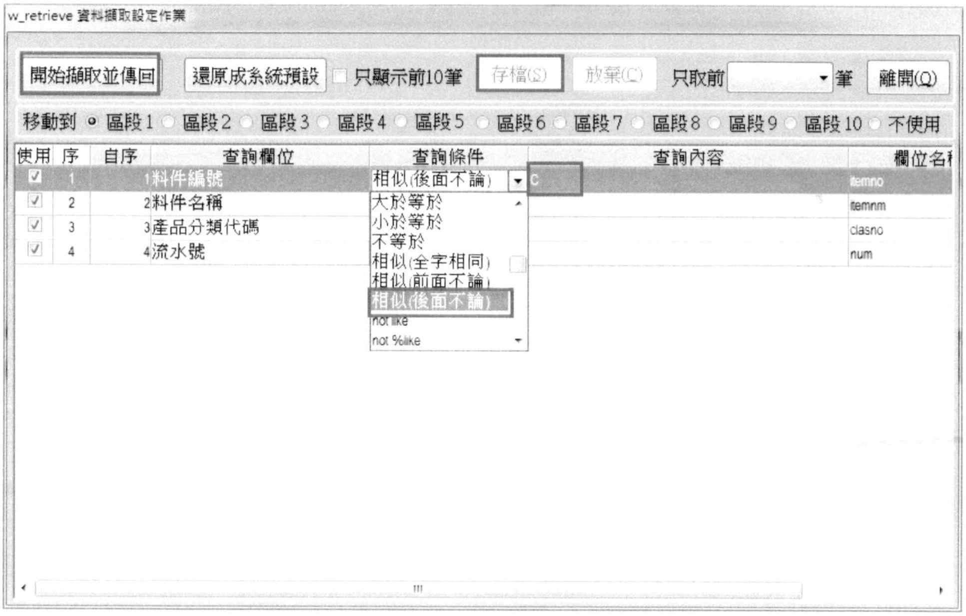

圖 A-3-49　96D. 材料商品維護 - 查詢條件

Step03 在【96D. 材料商品維護】的畫面，只會顯示「料件編號」開頭為 C 的料件，而這裡就可以看到「在手數量」、「庫存量」。

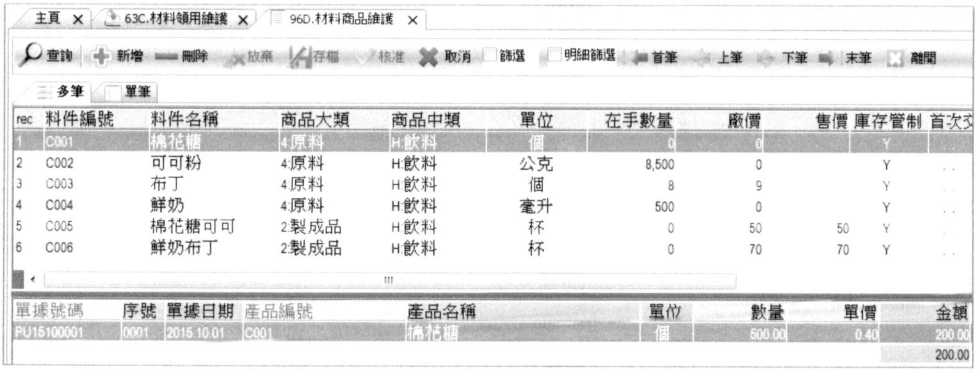

rec	料件編號	料件名稱	商品大類	商品中類	單位	在手數量	廠價	售價	庫存管制
1	C001	棉花糖	4:原料	H:飲料	個	0	0		Y
2	C002	可可粉	4:原料	H:飲料	公克	8,500	0		Y
3	C003	布丁	4:原料	H:飲料	個	8	9		Y
4	C004	鮮奶	4:原料	H:飲料	毫升	500	0		Y
5	C005	棉花糖可可	2:製成品	H:飲料	杯	0	50	50	Y
6	C006	鮮奶布丁	2:製成品	H:飲料	杯	0	70	70	Y

單據號碼	序號	單據日期	產品編號	產品名稱	單位	數量	單價	金額
PU15100001	0001	2015.10.01	C001	棉花糖	個	500.00	0.40	200.00
								200.00

圖 A-3-50　96D. 材料商品維護 - 畫面

ERP 資訊管理系統--餐飲實務應用｜ERP 學會認證教材

作　　者：莊玉成 / 莊高閔 / 廖棋弘 / 葉伊庭 / 吳宜庭
企劃編輯：郭季柔
文字編輯：詹祐甯
設計裝幀：張寶莉
發 行 人：廖文良

發 行 所：碁峰資訊股份有限公司
地　　址：台北市南港區三重路 66 號 7 樓之 6
電　　話：(02)2788-2408
傳　　真：(02)8192-4433
網　　站：www.gotop.com.tw
書　　號：AER056700
版　　次：2021 年 03 月初版
　　　　　2024 年 07 月初版五刷
建議售價：NT$300

國家圖書館出版品預行編目資料

ERP 資訊管理系統：餐飲實務應用：ERP 學會認證教材 / 莊玉成, 莊高閔, 廖棋弘, 葉伊庭, 吳宜庭著. -- 初版. -- 臺北市：碁峰資訊, 2021.03
　面；　公分
ISBN 978-986-502-705-6(平裝)
1.餐飲業管理　2.資訊管理系統
483.8029　　109021668